成长
并不可怕

你何须
畏手畏脚

馄饨小皮——编著

民主与建设出版社

·北京·

© 民主与建设出版社，2024

图书在版编目(CIP) 数据

成长并不可怕，你何须畏手畏脚 / 馄饨小皮编著. -- 北京：民主与建设出版社，2018.10 （2024.6重印）

ISBN 978-7-5139-1912-8

Ⅰ.①成… Ⅱ.①馄… Ⅲ.①成功心理 - 通俗读物
Ⅳ.①B848.4-49

中国版本图书馆CIP数据核字（2018）第012824号

成长并不可怕，你何须畏手畏脚

CHENGZHANG BING BU KEPA, NI HEXU WEISHOUWEIJIAO

著　　者	馄饨小皮
责任编辑	王颂　袁蕊
出版发行	民主与建设出版社有限责任公司
电　　话	（010）59417747　59419778
社　　址	北京市海淀区西三环中路10号望海楼E座7层
邮　　编	100142
印　　刷	三河市同力彩印有限公司
版　　次	2019年2月第1版
印　　次	2024年6月第2次印刷
开　　本	880mm×1230mm　1/32
印　　张	6
字　　数	180千字
书　　号	ISBN 978-7-5139-1912-8
定　　价	48.00 元

注：如有印、装质量问题，请与出版社联系。

CONTENTS 目录

CHAPTER 01
每个人都有过一段很糟糕的时期

002 / 成功未到来之前，你要学会坚持和隐忍

006 / 成长并不可怕，你何须畏手畏脚

010 / 人生苦难面前，请多一些担当

015 / 生活没有现成的剧本，需要你勇敢去坚持

019 / 失败不可怕，怕的是你连尝试都不敢

026 / 谁还没遇上几个低潮期呢

029 / 岁月再煎熬，也别丢了勇气和耐心

033 / 挺过艰难，才有未来

038 / 人生的大部分时候，需要我们一个人去度过

CHAPTER 02
不因挫折就给自己的人生画句号

044 / 安逸使人堕落，磨难使人发奋

048 / 当风雨来的时候，迎上去就是

052 / 年轻时走过的弯路是人生的必经之路

057 / 人的成长必须经历痛苦和挣扎

061 / 认真地去做好一件事，人生便能无憾

065 / 生活不给你微笑，你就笑给它看

071 / 走过最难的路，接下去的路就好走多了

CHAPTER *03*
你现在的不努力就是以后要埋的单

078 / 不模糊现在，不恐惧未来

084 / 创造性的努力，才能使你变得非凡

089 / 没有什么雪中送炭，这个世界只有锦上添花

095 / 每个奋斗的地方，都不相信眼泪

099 / 每一段路程都有其意想不到的价值

104 / 你的标签可不是你的全部

110 / 物质生活再好，精神生活跟不上也是白搭

115 / 这个世界很残酷，不努力一定没结果

CHAPTER *04*
可以迷惘一时，但更要坚持一世

122 / 把鸡汤和道理放在一边，先迈出一步

127 / 感谢孤单日子里仍在坚持努力的自己

131 / 梦想并不遥远，只要你在追的路上

135 / 你的人生还没有到说放弃的时候

141 / 你之所以迷惘，是你太早就选择了放弃

146 / 千错万错，你的付出不会有错

150 / 人生随处都有翻盘的希望，只要你在坚持

153 / 习惯努力，你的人生会有大改变

CHAPTER *05*
你的生活，应该有你自己的精彩

160 / 彪悍的人生就是跟着自己走

166 / 你的生活不是为他人而活

170 / 你想要什么，就去追求什么

174 / 你要相信，这一生的风景不可计数

180 / 人生最好的拥有是对自己的信念

CHAPTER 01

每个人都有过
一段很糟糕的时期

你可能有一段很糟糕的经历，

但是你不可以一蹶不振，

你不能放纵自己去过一个烂透了的人生。

不要为了一个人、一个困难就给自己画上句号，

否则的话，真的就结束了。

人生在世，注定要受许多委屈。而一个人越是成功，他所遭受的委屈也越多。要使自己的生命更有价值、更有意义，就不能太在乎委屈，不能让它们揪紧你的心灵、扰乱你的生活。要学会一笑置之，要学会超然处之。智者懂得隐忍，原谅周围的那些人，在宽容中壮大自己。

成功未到来之前，你要学会坚持和隐忍

夜里收到一条短信，一个姑娘告诉我，家里催她结婚都快要把她逼疯了。她没有办法反驳父母，也不知道怎么解决这个问题。

我于是回复她，那你有没有试着跟家里好好沟通这件事情，我觉得现在年过30岁仍未婚的人太多了，你千万不能勉强自己啊……然后，这个女生给我回复，我去年刚毕业，工作还不到一年。

不知从什么时候开始，我身边一群人向我请教问题的方式都是：我今年就要实习了，我明年就要找工作了，我觉得好恐慌；我快要25岁了，从来没有过男朋友，也找不到男朋友，这是不是一种病，该不该担忧？又或者是：我已经30岁了还没结婚，我是不是要孤独一生了？更有人问我：我越来越讨厌自己了，你能告诉我怎么办吗？

这些杂乱无章的提问一直充斥在我的眼前、我的脑海里，于是我试着坐下来平静一下情绪，然后问问我自己。我突然发现自己当年也是这么过来的，而且我如今还走在这条焦虑的路上，只是我从来不会刻意渲染这种恐惧感而已。

我想说说我一年前的焦虑。因为是在互联网行业工作，我每天看到的业内新闻都是无数个90后典型创业先锋出来做演讲，他们口口声声告诉你"我们的资本就是年轻"或者"90后就是牛，你们永远黑不完"一类的话。于是，你看到他们一个个成为CEO，一路欢呼声走向人生巅峰。

张爱玲那句"出名要趁早"不知道毒害了多少跟我当年一样年幼无知的少男少女，我自己也曾经陷入这个诡异的怪圈中。夜里睡不着的时候，想着我身边的朋友都出国去了，都看世界游玩去了，都结婚生孩子了，老家的同学都成为一个个叫得上级别的人物了，而我自己还窝在这个租来的小屋里……想完以上种种之后，我得出了一个结论：我这辈子过得真失败。这种思维方式一直到去年的时候，还一直萦绕在我的脑海里。

有天，我读到了吴晓波的一篇文章，他写了几个人的故事，比如名满天下的画家及雕塑大师罗丹，是一个整天埋头于画室的孤独老人。所以，作者的结论是：是什么让某些人变得与众不同？那就是工作和足够的耐心。

这句话触动了我，我开始把精力转移到自己身上，不再一味地拿不可复制的他人的成就来刺激自己。

高中那年我写了一篇小说，本来是打算投稿给当时很火的新概念作文大赛的，心里期待着哪怕能拿个优秀奖也好。可是，有一天中午我翻到了韩寒参加新概念作文大赛的那一篇《杯中窥人》的文章后，我一个人窝在被子里哭了很久，然后起床把写好的手稿撕掉了。因为我觉得跟韩寒、郭敬明这类天才相比，我这辈子即使用尽全力，我的文学梦也是不会实现的了。

然后回到现在，今年我27岁，我的第一本书筹备完毕，陆陆续续有很多的出书邀约在等着我。这是一件我意料之外的事情。

我周围人都说，"你好厉害！"而我很慌张，这种慌张不是因为我害怕别人的赞美跟肯定，而是我害怕给别人一种错觉——我轻而易举地就这么出书了。我知道自己每天投入了多少时间在电脑前；我知道自己会把时时刻刻在脑子里思考的各种事情都尽量记录下来；我甚至在青春岁月里因为想问题太多，一度患上了抑郁症。

这些事情，我从来没有告诉过任何人，于是身边的朋友觉得我这个机会竟然是如此唾手可得，简单至极。

我以前总是害怕来不及，觉得青春时光好像要没了，很多人生愿望我要错过了，难道我这一辈子完了？

我想了一会儿，给自己梳理了几个理由：一是我的积累太少了；二是我的修炼不够；三是我还没有见过更大的世界；四是我太懒了，各种拖延症在身上作祟；五是方法不对，很多时候一味地努力付出，却从来没想过方向的问题。

这些理由梳理出来以后，我的问题就迎刃而解了。以后，我也可以针对每个问题，都列出相应的解决方案，去一点点完善自己。但是，上升到意识层面，我想要什么样的人生呢？

我的前助理问，为什么还这么大压力？她说因为对于我们这样的人来讲，目前的你，可以写你喜欢的东西，可以自由安排自己的时间，还能养活自己，为什么还会觉得焦虑呢？

我细细想了一会儿，要知道，一年前的我绝对不会想到自己今天会有这个状态。但是我知道，如今享受到的这半点小成果，是我这些年思考总结外加揉碎重建的结果。那么按照这个逻辑推理，我现在要做的事情就应该是为我30岁的节点做积累了。

嗯，这就是我想说的答案，因为焦虑，所以不满足于当下。我开始明白，焦虑跟孤独一样，可能就是生活本身的色彩，毕竟快乐只会占据我们人生的那么一点时间而已。明白这一点之后，我反而愿意带着焦虑上路了。

以前让我着急的那些事情，如今想来就跟升级打怪一样，每一次出现的时候都让我胆战心惊，但是一旦过了这一关又觉得也就那样，然后到下一关的时候我又继续焦虑起来，周而复始。

只是如今我开始适应这个节奏了，因为我相信每一段紧张刺激的升级游戏，都意味着我的成熟又高了一个境界。它更提醒我，那些克制与隐忍、等待跟蛰伏都是有用的。那些属于你内在的强大力量，那些你日夜积累起来的点滴能力，那些你从别人故事里拿过来、自己重新组建过的价值观，才是让你对抗这种"感觉一切都来不及"的慌张的力量所在。

人总是在遭遇一次重创之后，才会幡然醒悟，重新认识自己的坚强和隐忍。所以，无论你正在遭遇什么磨难，都不要一味抱怨上苍不公平，甚至从此一蹶不振。人生没有过不去的坎，只有过不去坎的人。

一个人的豁达，体现在落魄的时候；一个人的涵养，体现在愤怒的时候；一个人的体贴，体现在悲伤的时候；一个人的成熟，体现在抉择的时候。谁都愿意做自己喜欢的事情，可是，做你该做的事情，才叫成长。

成长并不可怕，你何须畏手畏脚

［01］

读者在后台留言说她正准备考研，但家人不太看好。相比较而言，他们更愿意她参加国考，倘若失利，还有省考，实在不行的话，可以考虑事业单位。

眼见考试迫在眉睫，她的信念开始动摇，学习时总是静不下心，惴惴不安，担心未来会活得很糟糕。

在她身上，我看到了曾经的自己。她说很喜欢学校，梦想在大学教书。当讲述梦想时，她的声音那么纯澈，语言是那么质朴，让我感受到她真实跃动的内心。

年轻意味着充满活力，并且有时间和精力去折腾。不要害怕失败，跌倒后大不了拍掉灰尘重新开始。

长辈的选择或许很好，但不一定适合自己。倘若给自己太多的退路，容易滋生侥幸心理，认为这件事做不好，还可以做下件事，往往到最后，一件事都做不成。

我告诉她，要专注，不要急，更不要怕。

凡事都有风险，听长辈的话或许能规避风险，但倘若长此以往，则可能会强行让你跨越某个人生阶段，错过人生中宝贵的历练。毕竟有些路，你得自己走；有些道理，你需自己悟，才能记得住。

既然那么年轻，你又何必畏手畏脚，放开胆子试一试又何妨。

[02]

读大学时，室友喜欢上一个女孩。她的父母在政府上班，家境优渥。然而他出身贫寒，感觉配不上女孩。尽管女孩毫无偏见，可两人在一起处时，他总感觉别扭。

室友很自卑，自己条件那么差，担心别人嘲讽他动机不纯，笑话他癞蛤蟆吃天鹅肉。于是他与女孩就逐渐疏远，亲手扼杀了那段感情。

从一开始他就否定了自己，认为自己配不上她。但最坏也不过陌路，可他连试都没试过，就干脆拒绝了一个美好的可能。

大学毕业后，他去了一家公司做游戏开发。为了赚钱，他闲暇时接了不少单子，之后，存了一些积蓄，与人合伙创业。生意如期望的那样火爆，但由于合同有漏洞，合伙人过河拆桥携款跑路。

他压根没料到开始如此美好，结局却如此糟糕，而他眨眼间就一无所有了。室友对我说，还能怎么办，反正都糟糕成这样了，再穷也不过就是要饭，再多努力一点，多坚持一下，生活就会变好。

听着室友的豪言壮语，真心感慨与大学时相比，他显得更为成熟了。当初错过的那份感情让他至今追悔莫及。于是，他努力尝试，拼命去赚钱，只为人生多些选择，少些遗憾。

如果你连追求的勇气都抛弃了，那真的意味着失去了所有。

[03]

40岁那年，她不幸遭遇婚变。她拒绝和解，一气之下与丈夫离了婚。命运为她重新洗牌，她不得不为糟糕的生活而奔波劳碌。

可事不如人愿，她投了不少简历，但用工单位都以年龄太大为由拒绝了她。她心如死灰，过得很忧郁。可人生还未过半，她心有不甘，开始反思自我，并渐渐学会乐观面对。

经闺蜜介绍，她开始帮杂志写专栏，生活慢慢有了起色。许多人以前以为她的生活就此黯淡，但她比想象中的要坚强许多，勇于尝试改变，一步步走出了生活的泥潭。

在一次公众号经验分享会上，她跟我们讲述了自己的人生体验。那段婚姻的失败让她认清了自己，死死拽住自尊的尾巴，成就了自我并挽回了体面。

我们羡慕她，不光是因为她的成功，更重要的是她所具备的韧性。她从一个离婚妇女蜕变为专栏作者，期间不知经历了多少挣扎，付出了多少超越常人的努力，最终用汗水赢得了别人的掌声。

前辈最后的一段话，我至今记忆犹新：在这场与自己赛跑的过程中，我跌倒过无数次，但每一次爬起，内心就仿佛增添了一分力量，仿佛脱胎换骨，重新又活了一次。容颜虽不能常驻，但一颗年轻的心却能永远拥有。

其实，失败并不可怕，可怕的是你的畏惧心。许多人热衷成功，却对失败嗤之以鼻。可生活不是一锤子买卖，成功也不会来得那么容易，它需要历经无数次的磨砺。

努力做一个勇敢的年轻人，学着去承受生活给你的每一个耳光。千万别在风暴来临之前，就自甘堕落而缴械投降。

曾经害怕举手发言，惶恐上台演讲……可一旦一咬牙硬着头皮上去时，你会发现那不过是芝麻大点儿的事情。害怕很正常，但不正常的是，你为了避免犯错而拒绝尝试。

前段时间，朋友圈疯传了一段视频。

视频中的主人公叫王德顺，他44岁学英语，49岁北漂研究哑剧，50岁开始健身，57岁创造"活雕塑"，65岁学骑马，70岁练成腹肌，78岁骑摩托，79岁上T台。2015年一场时装周上的走秀引爆全场……

年轻不仅是年纪小，更重要的是心态好。王德顺先生向我们诠释了年轻真正的含义，他活得让人钦佩，更重要的是他活出了自己期望的姿态。

正处于20岁出头的你，那么年轻，本就一无所有，又何惧失去所有？

我曾听一些长辈讲述过去，他们常以"如果当初我……"的句式开头，有时甚至将过失推给别人，从而掩饰自己当初的胆怯。可是即使你能欺骗别人，但也绝对逃不过生活公正的审判。

昨天你放弃爱好，今天会让你追悔莫及。所以，别因为害怕有坏结果，而影响你的判断和决心。

害怕是一回事，做与不做是另一回事。你要有输得起的勇气，方能配得上将来你所期望的美好。

趁阳光明媚，一切都来得及。

渐渐明白了，最在乎的那个人，往往是最容易让你流泪的。生活中没有过不去的难关，生命中也没有离不开的人。你可以哭泣，可以心疼，但不能绝望。今天的泪水，会是你明天的成长；今天的伤痕，会是你明天的坚强。

当一个人变得独立而强大之后，便懂得了担当与勇敢，不会被生活的烦扰和琐事所禁锢。遇到什么就是什么，遭遇什么便会去应对什么。不会因为内心空虚而拼命地想要填补，不会因为失去而拼命地想要什么来替代，更不会因为遭遇了什么而自暴自弃、怨天尤人。

人生苦难面前，请多一些担当

10年前，毕业时犯了个错误，没拿到985大学的学位证，毕业证也没拿到，就拿了个肄业证。去一家公司应聘当销售，非常努力，每天早上提着两台沉重无比的设备出去推销，但因为应聘时隐瞒了自己没有学位证的事实，加上刚进入社会缺乏经验，生涩得很，到了那年的12月31日，被那家公司开除了。

回来的路曲曲折折，我瘫在四处漏风的公交车上一个多小时才到家，心如死灰，觉得自己一无所能。

即使是10年前，北京的房租也很贵，那时候因为穷，租的房间连窗户都没有，冬冷夏热是标配，那天晚上正好赶上闹耗子，房东阿姨给了我一个粘耗子的板子，元旦那天早上我起床一看，原来粘了一窝刚出生的小耗子，就我小拇指那么大，那个板儿把耗子粘得严严实实，耗子不停地翻滚挣扎，反倒挣下了一身皮毛，血肉模糊。

那天大雪连天，早上我穿双趿拉板儿，把那些挣扎到脱了皮的小耗子扔到垃圾箱里，小耗子还没彻底断气，散着热气无法动弹，我突然觉得自己和这一窝刚出生的小耗子非常像，刚进入社会却看不到一点希望，鼻子一酸，就在路边嘤嘤哭了起来，惹得周围的路人都停下来看着我。

这一场哭的工夫，我想了很多事，想了很多狠话，发了很多毒誓。不过现实依然很残酷，我在我那个小黑屋里整整待了三个月才找到工作，那个工作找的是真难啊，我后来挨个给公司前台打电话，要求见人力资源部给个面试的机会，多数时候石沉大海杳无音信。后来好不容易找到了一家公司，国企改制企业，因为我没学位，前前后后和人力资源耗了两个月，最后是我反复给部门经理打电话请求给我一个机会，他们才决定要我。

对那时的我来说，这真是一根救命稻草，因为此前人生之路无比顺畅，自己从未步入过绝境，而毕业时只折腾那一下，就感觉十几年的努力付之东流了。

我一下子变成了那个公司最勤奋的人，那时候公司九点上班，我每天早上八点到公司，八点半开始准时打第一个电话，因为那时候我负责的是铁路系统销售，我发现客户在八点半到九点之间接电话最轻松；我经常最后一个离开公司，因为要给西藏和新疆的客户打电话，他们和我们有两个小时时差，我得趁着下班那股子轻松劲碰碰运气，看看他们要不要买设备。

可我的天赋依然很差，那时的我啊，连和人唠家常的天分都没有。刚入职时刚好赶上了部门团队建设，我和一个一起入职的女孩分到了部门经理的车上，一路上他们俩有说有笑，而我一句话都没有说——我不知道该怎么插话，也不敢说，怕说错话人家讨厌我。我那时候真羡慕和嫉妒那个女孩，觉得唠家常需要非常牛的天赋，她有我没有。

试用期过得也很艰险，其他入职的人都顺利通过了，对我的考核是介绍产品，我头一天把介绍产品的方案写了一遍，然后背得滚瓜烂熟，到讲的时候吭哧瘪肚一句完整的话都说不出来，部门经理纳闷地看着部门副总，问：要不要他？

留下我的是部门副总，他欣赏我的勤奋。时至今日我们依然是好朋友，虽然我后来发生了翻天覆地的变化，但他对我有知遇之恩，我见他都叫师父。和部门女经理也有联系，每年我都会给她专门发拜节短信，她也会认认真真回我一条，不过我们没再见过面。

在那家公司真正遇到转折的是两件事，第一件事是我在打扫卫生时发现了之前离职的所有销售员的笔记，那个时候还不太流行电脑记东西，这些不大成功的前辈把他们长久以来的工作都记在了本上，因为统统是没有业绩的失败者，所以部门也没什么人上心整理他们的客户。我把上面所有的内容都整理在电脑上，然后记有电话的就打，没有电话有公司名称的就查114或者互联网又重新找了出来，速度异常的快，两个礼拜就把所有内容整理完了，这样我手里抓了一大批客户，后来发光发热的也是这批客户。

第二件事是一个古怪的客户，老铁路，南方人。他性格很急躁，有点怪，我每次给他打电话，战战兢兢地想和他聊几句天，问他有没有买设备的需求，他都会非常粗暴地打断我，告诉我没有需求，要买的时候再联系我。我坚持一个礼拜给所有客户打一个电话，周而复始，我打他挂，态度永远粗暴，直到半年以后，一个周五的下午，他给我打了个电话：我要买设备，明天你来××（某省省会）吧。我一头雾水，正要问，无奈他又把电话挂了，我只好硬着头皮买了去那个城市的火车票，我记得他家老爷子是山东人，喜欢吃南方没有的酱菜，临走前我就去六必居买了一大包各式各样的酱菜给他带了过去。到了××市我才知道，那老大哥对他领导的态度比对我粗鲁一百倍，细节不表，只说他最后几乎是扛住了全处领导的反对和我签了合同。

在回去的火车上我还有点蒙，因为那是我的第一份合同，金额是671 500元。

虽然我的第一个单花了半年多时间，但如人生本就诡异奇怪一样，后面我的合同如雨后春笋一样，而且金额越来越大，到那年年底，我已经带着同时入职的几个人一起干活了。

这以后又是各种各样的风风雨雨，简单总结就是：我大概花了五年时间苦苦追赶，又可以和我的同学们坐在一起喝咖啡了，他们有的在著名央企，还有些在著名外企；又花了五年时间努力赶超，辅佐了一个企业完成上市，我自己做过投资上十亿的项目，也顺利实现了计划中的收入。

您可能以为我完成了逆袭，从最苦难的日子走了出来。事实上我也是这么想的，我觉得这十年吃了很多苦，一直努力追赶，现在终于如愿以偿，可以开开心心、快快乐乐地规划自己工作的第二个十年，享受人生了。

谁知命运又一次和我开了玩笑，这一次，真的把我拽到了人生谷底。

我两岁的儿子被确诊为一种罕见的神经性疾病，需要终生干预，而且无药可治。

我哑然失笑：这是我的命啊！或许我的命本该过得糊涂松垮，我追求的越多，仿佛失去的就越多，我从自己的身上看到了那个把石头一遍遍推到山顶而石头又无情滚落的西西弗斯的宿命。

不过这一次我已变得更加强大。多年来的经历告诉我，当任何一件坏事发生时，在坏事背后一定有等量的好事在等着我，我只需要把积极的那一面找出来。我发现，这个病是一个苦难，这些孩子被发现患有这种病后，因为昂贵而长期的治疗费用，很多家庭都从中产阶级沦为底层群体；同时这个病又是富贵病，它几乎在富裕国家高爆发式增长，比如在中国最近三年是它的高爆发期，患病的孩子呈几何级数增长。

我决定为这个病做些什么，我约了几个挚交，邀请了国内和海外的一些专家，开了一家公司，期望帮助和我一样苦难的家长们。大家有同样的痛苦，我好像一下子又回到了起点，回到了十年前的那个工作状态，全力以赴，把自己填进去，找团队，找投资，用我的勤奋和思考解决那些我不熟悉的问题，顺带把肉戒了，此生吃素。既然无福消受，那我就多承担些吧。

想起读《基度山伯爵》时，自己非常喜欢最后那句话：世界上本没有快乐与痛苦，只有一种状态与另一种状态的比较。经历过这么多事，我强烈地感觉到，人生幸福与否，其实并不取决于生活怎么对待我们，而是源于我们对待生活的态度。不幸福的人，无论怎样幸运，生活依然不幸，而幸福的人，只会靠勤奋和努力把握自己的命运。

为自己壮行！期望新公司一切顺利，期望能帮助那些和我一样不幸的朋友，也期望小家伙一切安好，尤其是吃好睡好。

如果你足够勇敢说再见，现在过的每一天，都是余生中最年轻的一天，请不要老得太快，却明白得太迟。天不帮忙人就要更努力，见识越广计较越少，经历越多抱怨越少，越闲越矫情。今天的每一步，都是在为之前的每一次选择买单，这也叫担当。只有经过奋力拼搏，不断努力，才能换取精彩的明天。

一个人能被生活淹没，很重要的原因是没有一个可以和生命产生共鸣的爱好，所以，你从事着大家从事的工作，过着大家过着的生活。而爱好呢，它是具有区分功能的，那些找到了自己的爱好，并且把爱好坚持下去的人，会拥有一种别样的风致，也因此会拥有自己的属性，就算平凡也不会普通。

生活没有现成的剧本，需要你勇敢去坚持

大学毕业那会儿，摆在我面前的有两条路：一条是接受我父亲的安排去一家事业单位；另一条路是我自己揣着毕业证和会计证，去人才市场找工作。我选择了第二条路。

经辅导员推荐，我有幸去一家工厂实习，厂子的效益好到没话说。一时间，我春风得意。我染了头发，买了时装，涂了口红，做了指甲，俨然一副"Office Lady"（职场女性）的派头，在偌大的办公室里，冲泡着廉价的速溶咖啡，和同事们愉快地聊着天。

两个月之后，我被主管叫到了办公室，她说："很抱歉地通知你，我觉得你不适合在我们工厂工作，看你工作的状态，我觉得你还是去干点别的吧。"

闹铃准时在六点半把我叫醒，我躺在床上突然意识到我被炒鱿鱼了，这是我职业生涯中第一次受挫，我很沮丧，并且一度怀疑我自己。

父亲火冒三丈，说："你早该听我的，没那个能耐还不让我安排，现

在居然还丢了这份工作，我都丢不起这个脸！"我和家里人的关系闹得很僵，我迫切需要找到一份工作，免得父母成天唉声叹气。

就在我重整旗鼓决定重新找工作的时候，我错过了校园招聘的黄金季。和我同一寝室的H，应聘到了一家银行上班；大学时和我玩得最好的F，找了广州一家知名企业；甚至隔壁班学财政学专业的W，也签了中石油。我投了好多简历，很多都石沉大海，没有回音，这才发现前面的路并没有那么宽。

冰箱厂有回应了，说你来吧，不过前提是需要在车间实习至少三个月，什么时候转正看实习期表现。我答应了。有活干，总比闲在家里被父母念叨强。

生产旺季来临的时候，我们连续几个月都没有休息过一天。那时候也就这么撑过来了。我拿着微薄的收入，一年下来，我从冰箱厂跳到了一家包装厂，工资也只有1200元一个月。

我从家里搬了出来，在厂附近租了间房子住。什么都要钱，房租、水电、吃饭穿衣、化妆品等等，每个月的钱紧紧巴巴。那时候有个外地的同学出差路过合肥，想和我聚聚，我摸摸兜里的钱，还是找个理由拒绝了。我头一次意识到自己活得很拮据，我想做些兼职，给自己的生活多一些补贴。我想到了摆地摊。

一个周末，我揣着200元钱去城隍庙批发了一批发夹，跟一个关系不错的同事一起，就在一个小区的门口摆起了地摊。好容易来了个小伙子，看起来应该是想给他女朋友买发夹来着，对着两只五元钱的发夹挑来拣去，看样子是有选择困难症。多亏跟我一起的那个同事有耐心，足足磨了半个多小时的嘴皮，总算成交了。这年头想挣点钱真难。

刚成交一笔，又有个大妈过来了，还没说两句，突然看到很多摆摊的人慌忙收摊，一问才知道——城管来了。

后来有个土豪买下了我所有的发夹，这位土豪不是别人，是前公司的销售部主管。这件事很快在前公司炸开了锅。我们前部门老大更是脸色铁青，她说："你真的差这几百元钱吗？有这工夫不如好好提高自己的工作能力，怎么也比摆地摊强。怎么样，现在知道摆地摊的艰辛了吧？"

我真心体会到每个人活着都不容易。家门口那家卖包子的，八年了，每天早上六点多就开门，一直到晚上九点多才关门；菜市场后面那个卖凉皮、米线的老头，整整六年了，每年五月到十月都能看到他的身影，他配的汤味道非常好，每次买的人都排了很长的队；还有巷子里那家重庆小面馆，十来年了，每天晚上十点多才打烊。

专注、特色以及坚持，几乎是平凡人成功的不二法门。

下过车间，摆过地摊，工作当中的那些苦那些累对我而言突然就变得没那么沉重了。每件事情我都尽十二分的力去做好，我知道自己天资不足，在尝过了生存的艰辛后，发现有一技之长居然是一件无比荣幸的事。

后来，我正好有个机会去一家电子厂做财务经理，我的经济状况才渐渐有所好转。

我时常会想起以前。我很难说哪条路就是对的或者就是错的，偶尔我也会冒出一个想法，那就是如果当时我顺从了父亲的意愿去了事业单位，那么今天的我又会怎样。

我有个朋友在海关，是个公务员，每天为繁杂的事务以及盘根错节的人际关系伤透了脑筋；我那个在银行的同学，后来我去拜访过她，因为银行效益下滑，她从财务岗位转到了业务岗位，过着外人眼里羡慕的稳定生活，但她说自己很清楚，如果离开了这个单位，自己几乎没有立身之本；还有一位在地税局上班的朋友，最近也常常找我倒苦水。

或许，每个人的路都不一样，有的顺畅一些，有的就充满坎坷。在看不见希望的漫漫长夜里，你的父母包括你自己都会给自己很大的压力，你会怀疑自己的选择，甚至质疑自己的努力，但无论如何，请一定要再坚持一下。

如果时光可以倒流，放在我面前的依然是当初的两个选择，我还是会选择今天的路。

或许这世间本就没有最好的选择，无非是你按照自己的心愿选择了之后，为了证明当初的选择是正确的，你会拼尽全力，走出一条属于自己的人生之路。

人生莫过做好三件事：一是知道如何选择，找一条适合自己走的路，别左顾右盼，莫贪多求快，不要被乱花迷了眼。二是明白如何坚持，好走的路上景色少，人稀的途中困苦多，勿随意盲从，忌一味跟风，坚守好这一刻，才能看到下一刻的风景。三是懂得如何放弃，属于你的终究有限，放弃繁星，你才能收获黎明。

只有尝试过，努力过，坚持过，才能有收获。一分耕耘，一分收获，只有努力了，才能绽放出成功的花朵。只要功夫深，铁杵磨成针。相信只要朝着这个理想努力奋斗，坚持不懈，那么就一定会成功！

失败不可怕，怕的是你连尝试都不敢

直到现在，还有人不断来问我：你辞职了吗？

没错，我辞职了，这已经是一个多月以前的事了。

我是个性格冲动的人，但辞职这件事绝不是一时冲动，而是思考了很久的必然结果。

是什么时候开始有了辞职的念头呢？追溯起来应该是好几年前了，有那么一天，某位领导突然来了兴致陪贵客去爬山，临时要求安排一个记者去随行。我正好被安排了，于是只得斥巨资打的过去（那时还没买车），然后连滚带爬地往山上走。等到我气喘吁吁地追上他们时，被漫不经心地告知，低调一点，今天这事就不用报道了。

我心中怒火万丈！你要低调的话，何必叫记者过来？！就在那一瞬间，我对这份工作的意义前所未有地产生了怀疑，心里有个声音不断响起：老子不想干了！

这是一份表面上看起来还算光鲜的工作，尤其是在几年前，纸媒还在黄金期的末尾。哪怕我辞职了，我也要说，这是一份很好的工作，它可以提供不错的薪酬、相对的自由和见识外界的机会，不是记者这份工作不好，只是它不适合我。

我爸爸曾经以我找了这样一份工作为荣。在他看来，做记者接触的都是地方官员、行业精英，谈笑有鸿儒，往来无白丁，既然整天和这些牛哄哄的人物打交道，那想必也一定很牛了。

爸爸的想法不稀奇，只能说是外界对这个行业的普遍误解。说白了，这种所谓的接触只是浅得不能再浅的关系，接触过后，谁记得你是谁？当然有很多人以此为荣，但对于我这种太过敏感的人来说，很多时候只觉得紧张、乏味甚至耻辱。

除去最初两年刚刚入行的新鲜感外，这份工作对于我来说就是漫长的忍受。难以想象，我居然忍受了很多年。作为一个有些社交障碍的人，我被要求不得不去和形形色色的人打交道，应付各种各样的状况。很多人对此如鱼得水，而对我来说，这无疑是种折磨。

有些人可能会认为，你这么能写，干的恰好是文字工作，那简直太适合你不过了。这类人根本就不理解新闻和文学的区别，我的文学素养对于撰写大部分新闻来说并无帮助。每次我写下那一篇篇本报讯时，心里都有些发虚，毕竟，换了任何一个读过高中的人，要写出这样的东西都是毫不费力的。

换言之，我从事的是一份极易被取代的工作。这工作除了给我报酬外，带给我的是焦虑、惶恐和自我怀疑。有时我也会费劲地去写一些所谓的深度报道，自然是得不到任何好评，更多的时候我甚至不愿意投入心力，只是想尽快把它写完，好腾出时间来去写我想写的东西。

有那么几年，我还是想把工作干好的，反反复复总爱问自己：你到底能不能成为一个好记者呢？最终的答案是不能，我顶多只能成为一个合格的记者，不迟到，不拖稿，不索要红包，因为它对于我来说只是一份工作，而且是份不喜欢的工作，我没法全情投入。

这样的状况，上司自然是不满意的。职场评判人的标准很简单，你可以不能干，但态度必须要端正。像我这种，当然是属于态度极其不端正了。

而我自己又何尝满意了？我是那种渴望成长的人，长期干着自己不喜欢的工作，只会感觉到生命能量日渐萎缩。如果说我还有两分才华的话，这个工作毫无疑问没法发挥我的才华。

我生性好强，事事不愿落入下风，在很长一段时间内，我所做的很多事都是为了活成别人眼中光鲜的模样，一件事即使不喜欢不擅长，我也会咬着牙关想要把它做好，只为了证明我不比别人差。

所以当我意识到我并不喜欢这份工作后，我还是咬紧牙关又干了好几年。那段漫长的岁月真是迷茫极了，就像站在十字路口，完全不知道该往哪个方向走。

每天早上一醒来，思想都在交战。感性告诉我，快去辞职吧，我马上、立刻、一秒钟都不想干下去了；理性却告诉我，现在还不是辞职的最佳时机，再等等看。长久的纠结，搞得我都有点看不起自己了。

与此同时，我开始积蓄能量，在鸡飞狗跳的生活中坚持写作，只为了某一天能够攒够传说中的"甩手基金"，充满底气地去辞职。

其实直到辞职那一刻，我还不能算充满底气，只能说是有点底气，我当然也没有攒够足以让下半辈子生活无忧的钱，只能算是略有积蓄。那为什么会突然在这个时候提辞职呢？那是因为我想通了，人生不可能有完全准备好了的时刻，有些事情你现在不做的话，那可能就一辈子都不会做了。

放弃干了这么久的工作可惜吗？当然有点可惜，因为以后再没人每个月固定给你打钱了。至于很多人所说的人脉，倒一点都不可惜，我从来不在乎自己有没有人脉，我只在乎自己有没有朋友。没有了那些所谓的人脉，我的世界就只剩下两种人了：真心喜欢我的，以及我真心喜欢的。多么单纯多么美好。

很多人都问我：辞职了准备去哪儿干？找到下家了吗？

对此我往往只笑不语，因为我觉得如果我说出"我要去写东西"的答案后，会引来更多没完没了的盘问。

是的，我要去写东西了。全心全意，尽我所能。

如果说每个人都有初心的话，那么写作就是我的初心。我从小就想当作家，写作是我迄今为止最喜欢也最擅长的事，如果要我来列遗愿清单的话，排在第一位的应该就是：写出能被大众认可的好的作品。

人生苦短，我只想优先去做对我来说最重要的事情，我不想等到临死前才去懊悔，为什么在年轻时不能腾出几年时间来，供自己追逐梦想。

有人会说，哎呀，你都三十多岁了还谈什么追逐梦想啊，就不能现实一点吗？

没错，我三十多岁才去追逐梦想是有点晚了，可再不开始行动的话，我很快就会到四十岁了。一个人如果想要去真正做点什么的话，什么都不能阻挡他，年龄不能，境遇也不能。任何一个人在尽了对家庭的责任后，都有权利去追求自己的梦想，哪怕他已经三十多岁了。

在此之前，我更多的是作为一个社会人，为家庭、为社会地位、为责任和义务而活；在此之后，我想能够为自己而活，即使没法取得什么成就，至少也一天天活成自己喜欢的样子。

这种选择肯定会令不少人惊诧莫名，毕竟，在人们的心目中，全职写作基本上可以和饿死画上等号。自古文人多落魄，一说起写东西，大家马上会想到家道中落的曹雪芹，住在黄叶村里，举家食粥，借贷无门，全家都在风声里，九月衣裳未剪裁，一边吐着血一边吭哧吭哧地写着《红楼梦》；还会想起一生漂泊的杜甫，小儿子饿死了，自己老病无依时被困在一叶孤舟上，最终因为饿过头吃了太多牛肉把自己撑死了……这样的场景你还可以想象出很多。

以写作为生的人当然绝大多数都是很清贫的，这点从古至今都没改变过。幸运的是，作为一个写作者，现在可以算是迎来了最好的时代，这一点，越办越火的中国作家富豪榜可以作证，排在第一的唐家三少的收入已经破亿。这些处在金字塔尖的人就不说了，金字塔中的人过得也不错，我认识的人中，有可以靠版税在北京买房的，有一本小说的影视版权卖了上百万元的，他们不仅靠写作过上了体面的生活，而且还过得相当滋润。

听说我想去写东西时，有朋友就说：挺好的，去做点自己喜欢做的事，哪怕钱少点也无所谓。

对此我要大声地说"NO"，我是个很理想化的人，但还没有理想主义到为了追求理想宁愿饿死的境地。对于我这种视钱如命的人来说，钱少一点点都是很有所谓的，我选择写作，除了热爱之外，还因为它可以给我带来比其他工作更丰厚的回报，以及更可观的"钱途"。一句话，为什么要不工作去写东西？因为想挣更多的钱。

要是有一天写东西挣不到钱的话，我会老老实实跑去再找份工作，让写作回归为爱好。关心我的亲友们请放心，作为一个现代女性，我时刻都谨记着自己肩负着养家糊口的重任，一刻也不敢忘怀。至于一把年纪还找不找得到工作，用我妈的话来说，这年头，只要你愿意去努力的话，难道还会饿死人吗？

我特别喜欢黑塞的一段话：对每个人而言，真正的职责只有一个：找到自我。然后在心中坚守其一生，全心全意，永不停息。所有其他的路都是不完整的，是人的逃避方式，是对大众理想的懦弱回归，是随波逐流，是对内心的恐惧。

很久以来，我不敢辞职，除了对未来的不确定外，其实也是对自我的逃避。别看现在大家都说什么要找到自我，其实绝大多数人都在逃避自我。为什么那么多人不敢去做自己最想做的事？因为他们害怕竭尽全力后，发现自己并无天赋。人们最恐惧的并不是失败，而是自己的无能。所以他们将这件事一再延迟，以至于今生没有机会投入于此，也至少能让他们保持这样的幻觉：我是某个领域的天才，只是环境限制了我，使我没有机会发挥自己的潜能。

我之前不敢尝试全职写作，正是基于这样的恐慌，我害怕真正去做了的话，会打破幻觉，会发觉自己并无写作方面的天赋。可现在我决定不再逃避，而是迎着自己的命运一步步走上前去。每个人都是带着宿命来到这个世上的，写作就是我的宿命，如果这注定是一种幻觉的话，也得由我亲自来打破。我不想等到别人来告诉我：你原本可以做到，或者压根就做不到。

迷茫的时候，很多人都会选择好走的路。比如有人就建议我说：你完全可以一边工作，一边写东西啊。工作是锦缎的话，写作就是锦上的那朵花，这样多好啊。

很多聪明人就是这样干的，这世界上的聪明人已经够多了，我不介意做个一意孤行的傻子。没办法，我从小到大就是这样，在做选择的时候，从来不会去选最好走的那条路，而是选最想走的那条路。对于不喜欢的事，再怎么勉强也坚持不下去；对于喜欢的事，却可以倾我所有，全力投入。一边工作一边写作只能让我写出碎片化的东西来，而我真正的梦想，是用手中的键盘，去构筑一个独属于我的世界。

小的时候，我特别希望能够和小伙伴们一起去闯荡江湖，每当《西游记》片尾曲响起的时候，心中就不禁热血沸腾，仿佛眼前展开了一条金光闪闪的道路，那条路上有繁花似锦，有笑语喧喧，通往充满诗意的远方。

那么多年过去了，我终于出发了；那么多年过去了，我的血仍未冷。尽管出发得有些晚，尽管只是孤身一人，尽管这条路不会那么好走，但无论如何，我已经迈出了第一步。

远方和江湖，我来了。

还爱着我的小伙伴们，无须为我担心，请你们为我祝福。有了你们的祝福，这条路才会不那么孤单。

来，让我们再次唱起那首歌，找一个天气好的日子，一起快快乐乐地去闯荡江湖吧：

你挑着担，我牵着马，迎来日出，送走晚霞。

踏平坎坷成大道，斗罢艰险又出发，又出发。

…………

敢问路在何方？路在你脚下。

你羡慕别人的美，却又舍不得修饰自己；你羡慕别人的收入，又不想投资；你羡慕别人拥有的一切，自己却什么也不敢尝试，因为你只想不做。所以，你只有羡慕的份。敢想敢做，超越自我，通往你的成功的道路才会更加平坦。

走在路上，挫折是难免的，低潮是必然的，孤独与寂寞是如影随形的。总有被人误解的时候，总有寄人篱下的时候，总有遭人诽谤与暗算的时候。这些时候，要知道潮涨潮落、波谷波峰的道理，只要你能够耐心等待，受得了折磨，守得住底线，一切都会证明，生活不会抛弃你，命运不会舍弃你。

谁还没遇上几个低潮期呢

普希金有首名诗：假如生活欺骗了你/不要悲伤，不要心急/忧郁的日子里须要镇静/相信吧/快乐的日子将会来临……

以前每每读到这首诗，立马像打了鸡血般满血复活，人生真是充满希望啊。后来渐渐发现，进入社会后，生活的暴风雨实在来得太凶猛了，普希金这首名诗早已与自己混迹天涯的法则格格不入。

或许被生活欺骗得太多了，早已被训练成凡遇事总是做最坏打算的逻辑，即使还没发生，就已经诚惶诚恐。如果不是被生活打磨得足够自信，真不敢轻易告诉自己，慢慢来，牛奶和面包都会有的。

不是吗？当你很努力时，却偏偏穷得啥也没有。能不急吗？刚毕业，却遇上一个"魔鬼金主"，天天加班做牛做马，吃盒饭吃成满脸痘痘，还克扣你工资。忧郁的日子里，你还能镇定吗？每天累得不行，还要搭两小时的公交车回暗无天日的出租屋里继续挑灯夜战，还没见到曙光就快要倒下了，能不悲伤吗？

记得刚刚大学毕业时，我常常陷入焦虑和悲伤的情绪中不能自拔。在我的头顶总有一团高压云笼罩着，使我惶惶不可终日。

为什么在公司里，我总是像打杂一样碌碌无为？为什么世道如此艰难，平白无故也会被老板骂得狗血淋头，还要笑嘻嘻地吞下一千个委屈后继续工作？

我曾经加班加到流鼻血，差点以为自己会"壮烈牺牲"在办公桌前。深夜颤颤巍巍地回到家，用冷水洗洗脸，倒下睡觉，第二天照样被上司使唤着东奔西跑。

那时候，我的女上司是个40岁左右的中年妇女，每天被她各种玩命地"作"，弄死了好多脑细胞：策划方案被退回不少于10遍才能完成，预算方案没精确到小数点也会被骂，上班穿得不够体面也会被叫进办公室训一顿，安排我一个人到仓库清点物料、搬搬抬抬、件件打包……我常常郁闷地自问：凭什么接受过高等教育的我要如此作践自己？

每当工作量爆表，压力大到差点内分泌失调，上司的"靡靡之音"此起彼伏时，心中便会翻江倒海、各种辛酸。我不止一次地想着明天就辞职，因为再这样下去，就算没死也快了。

最终，当你深信自己够命硬，被蹂躏了几百遍仍然视工作如初恋时，命运似乎又有了转机。因为对女上司的恐惧，担心一不小心就被她翻白眼，我更加要求自己不容有失，渐渐形成一丝不苟的职业素养。一点一滴的努力开始得到领导的赏识，领导也渐渐地让我接手一些大型的项目，从策划到落地，我都能做得干净利落。

感觉工作越来越得心应手，上司看我也顺眼起来了。现在工作对我而言，不只有煎熬，也有快乐。原来我们常常以为自己熬不下去了，可是只要再坚持和忍耐一下，一切都会慢慢好起来的。其实，人生何尝不是一场恒久忍耐的战争？

就像马云说的，今天很残酷，明天更残酷，后天很美好，但绝大部分人是死在明天晚上的。难怪就连尼采也说，那些不能打垮我的，必使我更坚强。

人生中，不如意事十之八九，没遇上几个低潮期，怎么好意思谈人生？

再黑暗的岁月也有烟消云散的一天，就像《花好月圆》的歌词一样，"浮云散，明月照人来"。

如果你没那么勇敢，需要一点点克服这些困难险阻，那就不妨多读几本书增长知识，去健身房跑上几个回合，约上三两知己把酒谈心，或者直接睡一场酣畅淋漓的大觉，睡醒后，"Tomorrow is another day"（明天是崭新的一天）。

打不死的你，又是一条铁铮铮的汉子。

人一辈子都在高潮、低潮中浮沉，唯有庸碌的人，生活才如死水一般；或者要有极高的修养，方能廓然无累，真正地解脱。只要高潮不过分使你紧张，低潮不过分使你颓废，就好了。

如果找不到坚持下去的理由，那就请不要把自己留在原地，找一个重新开始的理由。生活本来就这么简单，只需要一点点勇气，你就可以使你的生活转个身，重新开始。生命太短，没有时间留给遗憾，若不是终点，请一直微笑向前。

岁月再煎熬，也别丢了勇气和耐心

哈尔滨，冬夜，冷风，寒冬终将过去，春天必将到来。

下班回到家，看了看冰箱里的食物，拿出了前几天剩下的菠菜和一个鸡蛋，做了菠菜鸡蛋汤，我喜欢把搅拌好的鸡蛋液均匀地洒到沸腾的水里，金黄的鸡蛋液，入水的一刹那就迅速由生转熟，夹杂着菠菜的味道，瞬间香气四溢。

自从一个人生活后，做饭对我来说已不是什么难事，从最初的笨拙到现在的轻车熟路，我渐渐觉得做饭一点都不难。做饭的过程也是锻炼一个人心性和耐性的过程，买菜洗菜切菜洗碗收拾厨房，每天两次的重复，我并不会觉得厌烦，不过我实在觉得急性子的人，就像我大舅，恨不得把菜放到锅里就可以拿出来吃了，是不适合做饭的。

以前我不习惯做一次饭就收拾一次厨房，后来母亲对我说，吃完饭就收拾一次厨房，你会省很多事的，也不麻烦，顺手擦一擦、洗一洗，养成一个好习惯，要是隔几天才收拾一次，收拾起来会更难，要花费更多的时间。后来我就逐渐按照母亲说的做，基本上每天都把厨房收拾得干干净净。

做事、学习也和收拾厨房有着异曲同工之妙，今天的事今天完成，绝不拖到明天，要是一天一天往后累积，我们付出的时间、人力也许会成倍增加，得不偿失。

我家客厅阳台上有一个摇椅，我每晚都会坐在上面看会儿书才睡觉，看累了就抬头看看窗外，昏黄的路灯，映衬着对面千家万户的窗户，隐藏着众生的喜怒哀乐，时常能看到一对情侣，男生送女生回家，女生上楼前，男生都会抱抱她，亲一下，月光下的他们显得那么温馨幸福。

经常看到小区里很多家庭，父母带着年幼的孩子玩耍，那种幸福的场面，对于我这种单身青年的杀伤力是成吨成吨的。

人是群居动物，很少有人喜欢自己一个人，很少有人喜欢孤独，我是做不到梭罗的《瓦尔登湖》描写的那样绝对的离群索居、自给自足的生活。我只是个普普通通的人，不是圣人，不是思想家，我有着所有平凡之人对于生活的一切诉求，我喜欢小孩子，有时想，以后结婚要是有对龙凤胎，那该有多幸福啊！

终究，我还得回到我的生活里，别人幸福也好，痛生也罢，终究是别人的，我还要独自面对生活。

与其羡慕别人，不如过好自己，我们都在羡慕别人，也都在被别人羡慕着。

每个人的生活轨迹是不一样的，有的人一出生就拥有一切，有的人到死那天也还是一无所有。

我们每个人在走向成熟之前，都会经历一段独自煎熬的岁月，每个出现在我们生命里的人，每件发生在我们身上的事，每一个我们经历过的阶段，都不会是无缘无故的，都是命运安排给我们的。

黑暗不可怕，怕的是你已适应黑暗，当看到光明时，你已睁不开双眼。

独自煎熬的岁月不可怕，怕的是你已丢失闯过去的勇气和耐心。

一个大学女同学毕业后，独自去了昆明，背井离乡，无亲无故，从哈尔滨到昆明，从冰城到春城，也就这么适应了。

我一直都很佩服她，一个女孩子孤身在外要承受别人无须承受的压力，工作加班到深夜，自己一个人回家，自己一个人看电影，自己一个人去吃美食，所有的事都要习惯一个人。

坚强的女孩子运气都不会差，我相信属于她的幸福就在不远的前方。一路披荆斩棘，冲过黑暗，最终她会得到属于她的一切。

还有个高中的同学要考研，于是一个人去北京，租了一间很小的房子，每天睡不到五个小时，那些题反复地做，他说有时候他想放弃，可是一想都已经坚持到了现在，为什么不再坚持一下挺过去呢？无论考没考上，也算给自己一个交代。

后来，他考了两年终于考上了，仿佛压在身上的千斤重担一下子全都卸下来了，从未感觉生活如此美好。

我喜欢坐公交，周末无聊的时候，一块钱、几首许巍的歌就可以打发一个半小时的时光。我坐的公交车是环线，从我家出发，最后回到我家，全程一个半小时。

看着车上人来人往，看着乘客的喜怒哀乐，仿佛这一趟公交车的旅程就是一段生命之旅。我身边的人换了又换，他身边的人换了又换，有人陪你一段，然后下车，再来一个新人陪你走一段。公交车走走停停，车窗外车水马龙五光十色，不就是这个世界的真实写照吗？

我喜欢坐最后一排，记得之前看过一篇国外的报道，说是喜欢坐在公交车后面的人，都是心里缺乏安全感的，我觉得还真是这么回事。

我的确缺乏安全感。无论对于友情还是爱情，我都抱着一种心态：你走，我不留你；你来，我对你好。

我没有时间去揣测，或者说没有心思去讨好去迎合任何人，我只能做到对来到我生命中的每一个人都真心相待。

越长大越成熟，越成熟我们就会越明白，真心相处要的就是温暖的感觉，如果没有，那就平淡相交吧。

我会尽自己最大的努力去维系一段关系——友情抑或爱情，一段感情结束了，我不会去问为什么，因为我能做的都做了，做不到的我也给不了。

我终究会下车，回到开始的地方。生命亦如是，生是由无到有，死是由有到无，生到死，就是回到最初。我们从哪里来，最终也会回到哪里去，我们从孤独而来，最终回到孤独，这不过是一个又一个的轮回。

一个人久了，所有的事情都要自己做，不会的也要逼着自己学会，没有什么是天生就会的，不会只是掩饰颓废无能的借口。

生活中，生命里，我们都会有一段独自煎熬的岁月，我们都会有一段独自走过黑暗路口的时光，黑夜必然离去，黎明就在不远的前方，笑着面对，唱着走过。

最后一句话，与诸位共勉：也许到最后，我们得到的不是我们最想要的，但一定是最适合我们的。

等我都准备好了再说，这是句中看不中用的话：等我都准备好了再上班，等我都准备好了再开店，等我都准备好了再结婚……很多事不开始做，根本不知道该准备些什么。都准备好是永远不存在的状态，再怎么等，也没办法都准备好的。接受这个事实，应该会比较有勇气面对生活。

活着的每一天都应该是阳光的，这句话说出来也许会很可笑，但我还是喜欢用这句话激励自己，人生路上免不了磕磕绊绊，因为我们要生活，要生存，必然要承受更多的艰难。

挺过艰难，才有未来

[01]

这几天，听闻一件不太好的事情。一位亲密女友怀孕到80天胎停育，打电话给我说要做手术。

一个月以前，备孕许久的她开开心心地打电话给我说有宝宝了，并问我很多怀孕的知识，初为人母的喜悦尚未褪去，却要承受这个噩耗。虽然她佯装坚强，说了很多"随缘"之类的言语，但身为母亲的我怎么会不懂那种遗憾。最后，不知道要如何安慰她，居然毫无意识地从嘴里吐出一句：你要坚强，没什么好心痛的，那还不是生命，只是一个细胞。你还可以生育，好好休养三个月，从头再来。

说完我就后悔了，觉得此话过于冷漠，我也是有孩子的人啊。可是她居然在电话那头轻轻笑起来说：你这句话，是我今天听到的最宽心的一句话。

我瞬间想起来这句话不是我说的。好几年以前，我的一位女友经历人生过客，时运不济，只身一人身在他乡意外怀孕，而且还是在年关，万家灯火之时只身一人去做冷冰冰的手术。当年我还是少女，尚不知人生再残酷也得前行的道理，觉得此事过后估计"再也不会爱了"，情绪升起来，打电话安慰她说了好些期期艾艾的话。她一直在电话那头沉默，然后对我说：你不应该说这些，你应该听听像××（我们另外一个年长很多的女友）怎么说。她说这什么都不是，只是一个外科手术，只是拿掉一个细胞。

这件事过了好几年，如今我已经身为人母。当真正懂得孩子是怎么一回事时，才知道那"一个细胞"四个字里的所包含的深厚感情。

我愿你将人生里的痛苦快快遗忘。不愿你沉溺不前，不愿你久久哭泣，不愿你不能忘却。去忘却一个没有生命的物件，比忘记一个不曾出生的孩子更容易。

因为那句老话——日子总得过下去。

[02]

近日我们的女友圈里开始流行一句话。安慰一个不开心的人会说：没什么好难过的，反正以后还会有更难过的。这句话有神奇力量。于是我对朋友们说：果然是最强大的负能量，才能带给人正能量。

那个胎停育的女友后来同我说，做完手术，趁这个机会正好把没有考完的驾照路考再拾起来，不然工作忙起来就再没机会了。孩子再慢慢等。

我愿她更坚强。我愿她重拾信心，那个有缘分的孩子会早日降临。难过之后，爬起来前行。

人在旅途，永远是你来不及悲伤就要准备去迎接下一场，刚刚被安慰过就要准备去迎接更难过。偶尔安慰别人时所说的话，也都如"只是一个细胞"那样充满了残酷负能量。好比那日一女友向我倾诉，说起老公自主创业开摄影室，艺术大师的钱还没赚着，先传起了大师的绯闻。我不知怎的冒出这么一段话：你警醒一下他，上辈子杀人作孽，这辈子老公创业。钱既然还没赚着，老婆连最便宜的爱马仕包也还没背上一个，就不要把自己当成功人士乱搞了。

女友哈哈大笑，笑出眼泪，说这是打击老公的利器，新技能必须掌握。

爱情是怎么变成这样的？当时年少，我爱谈天你爱笑；相濡以沫就是你若给予我滴水之恩，我必当涌泉相报。如今却是相爱相杀，我体恤你，你就不要当我是软弱可欺。

我们在这尘世里苦苦寻觅，却难免失去。于是，请拼死守护已有，请随心忘却已逝。

那年，老闺蜜过28岁生日，对我咧着嘴笑，说过了28就再也不聚会了，永远28了。我们几个人都说：那怎么行，还有29，还有30。特别是我，抱着她信誓旦旦：天涯海角，我陪你过30大寿。只因为即将到30，才有点懂得当年的悲欢哪是悲欢，当年的再也不会爱了哪里是真的不会爱了。当年的深夜总是痛哭，现在回头想起来却根本没有什么具体事宜。

那些年，我们都只懂失恋。

那些年过后，看友人彻夜加班挣钱，才知这世道物价飞涨买房艰难。

看友人省钱装修瘦掉10斤，才知职场艰难，主妇更是超人。

后来大龄女友嫁掉，婆婆整日添乱，才知道真爱难寻之后家里还有一本难念的经。

女友处处搜集养身技巧，备孕不易失去孩子更心碎。

我自己，那年玩起来四处飞，哪里知道孩子彻夜啼哭半夜爬起来喂奶是什么滋味，方想起当年一个人带孩子的那位女友，对她有迟来的心痛；还有那伪艺术大师的太太，哪里知道男人不易老，如今摆谱摆调，令人哭笑不得。

痛苦的时候，以为人生就是此夜了，怎么会懂得长夜漫漫，前路还有大怪兽。

还有我母亲对我说，那小女孩，母亲重病，还要远嫁东北。我一边赶稿子，一边抱着嗷嗷待哺的孩子，想起自己一路至此，剖宫产的伤疤偶尔还会痛，却替她难过得要死：姑娘，你嫁那么远，究竟是真的觅得真爱，还是真心不知人世艰难？

你还不懂什么是远嫁。远嫁就是有朝一日你在他乡怀着孩子，想吃一碗妈妈煮的面，馋得你的五脏六腑搅在一起痛哭流涕。你的难才刚刚开始，你还不知道什么是更难。

最近听多了故事，感觉这才是些真悲欢。贴心贴肺，血肉之痛，青春易逝，把当年那点小失恋一竿子打翻在地烟消云散。人近30，什么都不懂，就懂了一句：有些事情你无能为力，但必须尽力，往后的日子还会有更难过的。于是愈发懂得年纪的重要，才懂那些安然坐在巷口的老人经历了什么。人生不易，只因年纪。遇上一个人，结婚生子，白驹过隙；遇上一个她，每每见彼此，总是有新发型，才知什么是爱。爱就是，和他/她在一起，时光飞快。那些年时光很慢，我们剪着齐刘海，如今再回头，谁知老闺蜜已经30岁。因懂爱，愿意更难过的日子里有人同行。

[03]

我写这些，是要让你们从此都不要笑了吗？不是。恰恰相反。我想说——

每个阶段都很难。所以年纪轻轻的就不要抱怨如今的你有多么难多么痛了，不要以为你的上司是全世界最残酷的，你的男友是全世界最差劲的。更难的在后面，更差的你还没遇见，往后的日子，大把是笑不出来的时候。趁笑起来还漂亮还没有鱼尾纹，多笑。

但神奇的是，每个阶段都很美。如同未婚少女们看见剖宫产的视频，吓到半死，问我们怎么可以承受。每个生育过后的母亲都一笑而过，包括我在内。她们只见血肉模糊、器械冰冷，而妈妈们只见孩子。这才是人生美好的真相，幸福混杂在满是悲伤和遗憾的沙砾中，或是血肉模糊中，是必须忍住痛双手刨挖才能获取到。岁月是什么？就是会有更难过的事情发生，也会有更美的事情发生。你还会有虽然眼角有纹但笑起来美得发光的时候。

我因有了女儿，感觉比以前更懂得要穿好盔甲，如同亦舒笔下的阿修罗。不要悲伤，坐在家中，吃完晚饭擦上唇膏就预备一战。无论那城中的敌人是意外流产，是传绯闻的老公，是要远嫁的无奈，是孩子在半夜里啼哭，是对你鸡蛋里面挑骨头的黑衣女老板，是要从头开始备孕不知道那个更好的孩子何时才来的渴望和煎熬，是那些让我闲暇起来感觉再也回不去的往日时光，是未来无法预料的生活哥斯拉……唯一的战术就是忘却痛苦，迎接更痛苦；记得美好，迎接更美好。好在自己已经可以靠着铁心铜肺铸成一支军队，靠着这支军队，冲城而出，抖掉这一身的虱子绝尘而去。

有杂志采访我：现阶段痛苦对你而言意味着什么？

我在一瞬间觉得我果然是与往日不同了。因为痛苦如今既不意味着彻夜流泪，也不意味着需要33天才能恢复，痛苦就是痛苦，挺住，熬着，睡一觉，第二天从头再来。继续生活，面对更难。我难过的事情很多，但我要把为了同一件事难过的时间缩得更短。

痛苦如脚印，不要回头看。朝着太阳，走着就到了明天。这就是那句："我们都没有过去，只有未来。"

你无须告诉每个人，那一个个艰难的日子是如何熬过来的，但总有一天你要向这个世界大声呐喊：我成功地走过了人生中灰暗的时光。

有些压力总是得自己扛，说出来就成了充满负能量的抱怨。寻求安慰也无济于事，反而徒增了别人的烦恼。当你独自走过艰难险阻时，一定会感激当初一声不吭咬牙坚持着的自己。

人生的大部分时候，
需要我们一个人去度过

[01]

前天子夜一点被一个好朋友的电话吵醒。睡眼蒙眬之下，先是听到电话那端的啜泣声。

"怎么了，这么晚打电话过来？"

"他……他要跟我分手……"哽咽之下，好不容易憋出这句话来。

"什么原因呢？"我试着看看能不能对症下药。

"感情也没有出现很大的裂缝，他只是说我们不合适，可是我们俩平时都还挺合拍的啊。"

"那你跟他后来有没有沟通，或是挽留一下呢？"我按照劝解人的老套路对她重复了一遍。

"打电话他也不接，微信也不回，都不知道怎样才能联系得到他。"这下子朋友的委屈如泄了洪的堤一样喷涌而出，开始号啕大哭。

"那你们正好也冷静两天，看看到底怎么回事，也别太伤心，或许会有转机呢，所以你……"

"我不要，我就是着急想知道缘由，你快告诉我怎么做。"没等我说完她便叫嚷着要我告诉她方法。

我沉默了几十秒钟。

其实在我看来，"不合适"这三个字就是不爱的借口。之前看过一段话说，看起来合适的情侣，都是经过了岁月的磨合，双方各自退一万步，收起属于自身尖锐的刺，才能够最终换来一个合适的怀抱。既然对方不愿意跟你一起度过这一关，那又何必苦苦纠缠呢。

但我不能说，我怕因为我个人的论断影响她自己内心的抉择，或许我说的没有那么正确，或许她和她男朋友之间只是单纯地吵吵架，很快就可以重归于好。

"跟随你自己的想法吧，好好冷静下来掂量掂量，你自己做出的选择才是最正确的答案。"随后我挂断电话。

夜已深，只能在电话这头祝福她，那个感情暂且不如愿的人啊，过了今晚之后，一切都能柳暗花明。

[02]

尹静是我大学时候的同学，毕业之后便只身南下去了广州工作。

年轻人啊，都有股闯劲。然而初来乍到的新鲜感过了以后迎来的便是现实的考验。

新人刚入职时都会有相当一段时间的难捱期，要以一个很低的姿态，做一些很琐碎的杂事，就算不情愿也要学会哈着腰点头说没问题，身在体制内，有时还得忍受某些老员工的跋扈和刁难。

尹静的运气也是相当"不错"，那些糟糕的人和事都让她给碰到了。初到公司第一个星期，就经常被领导叫着做这做那，加班事多就算了，最重要的是老板丝毫不体恤民意，对待她这种新面孔也毫不留情，天天摆着副臭脸发脾气。

然而压力不仅来自工作，生活也像那压力不足的水管，总是差一点向上的动力。

由于当时光顾着租离公司近点的房子，所以对于房子的质量尹静并没有留心太多，入住时间长了之后，便发现了问题。空调时好时坏，在炎热难耐的夜晚经常被捂出一身痱子，房间隔音效果不好，半夜三更还能听到楼上咚咚的脚步声，还有那房间的窗户，安装的时候没固定死，一到大风天气便使劲摇晃。

同学小聚的时候听到她的"传奇"故事会觉得不可思议。一个才二十来岁的姑娘，形单影只在异乡，要学会独自一人面对大大小小棘手的事情，多不容易啊。

"你是怎么活过来的？"我调侃了一句。

"除了自己没有人可以帮我。"一路荆棘过后她从容淡定了不少。

[03]

高三的时候我生过一场大病，当时离高考只有一个多月了，所以形势还是挺严峻的。

记得那次是高考前最后一次月考，考完第一门课后由于身体感觉并不是很好，我回到家，躺在沙发上辗转反侧。当时我妈看到我的样子还以为是我偷懒不想去考试，后来我烧到连说话的力气都没有的时候才知道了事情的严重性，立马把我送到医院。

后来医生确诊是肺部感染，需要住院半个月。

高考前四十多天还要花半个月住院治疗，确定不是在开玩笑？

所以我当时很沮丧，心想着这可能就是命运的安排，药也没有好好吃，闷在病房不说话。

过了两天之后隔壁病房来了个重症病人。七八岁的小女孩，不太清楚她是什么病因，但每天都看到医生为她做化验，每次做化验的时候都会听到她号啕大哭。医生走后她的哭声立马停止，不久之后便传来动画片的声音和她干净的笑声。

那时我就想连个小女孩都能勇敢面对病痛，我却畏畏缩缩。害不害臊？

从那天以后我便开始按时吃药吃饭，每天挂完点滴后就去医院的小公园里走走，完了有空看看爸妈带过来的课本。由于恢复较快，最后没到半个月就出院了。高考结果没那么好但也没坏到哪儿去。

回头想想，那半个月的经历真的只能靠自己去感受和消化，别人的安慰和开导只是给你指明通往光芒的一扇门，而最为关键的，还是要靠自己去勇敢地迈出第一步，找到打开那扇门的钥匙。

[04]

身边有位朋友曾经遇到过一次很大的磨难，当时另外一个朋友召集了我们一帮人去给他帮忙，但是他却都给拒绝了。

"安慰和祝福我都收下，其余的你们都带走。这段路，要靠我自己去走完。"

他走出阴霾的那天，我们都打心底为他高兴，也真正体会到他骨子里蕴藏的巨大能量。

张爱玲曾经说过："笑，全世界便与你同笑；哭，你便独自哭。"人生的大部分时刻，真正能解开谜团的，只有我们自己。

我们为有那些乐意伸出手帮助我们的人而高兴，同时我们也要把更多的能量给予到我们自己手中。如此一来，回头看看那些风雨挫折，我们也能坚定自豪地说一句：那是为了促进我的成长。

带着自己的梦想独自上路，从此，风雨兼程。

不要轻言你是在为谁付出和牺牲，其实所有的付出和牺牲最终的受益人都是你自己。人生是一场与任何人都无关的独自的修行，这是一条悲喜交加的道路，路的尽头一定有礼物，就看你配不配得到。

CHAPTER 02

不因挫折就给
自己的人生画句号

不要因为一点挫折而放弃一段坚持，

即使没有人为你喝彩，

也要优雅地谢幕，

感谢自己拼命地付出，

成功的明天一定会到来。

我才不会沮丧，

因为每一次错误的尝试都会把我往前更推进一步。

生活就像一只鸭子，表面都从容淡定，其实水底下在拼命地划水。想要过好的生活，就要拼命努力。否则，当父母需要你时，除了泪水，一无所有；当孩子需要你时，除了惭愧，一无所有；当自己回首过去，除了蹉跎，一无所有。别在最能吃苦的时候选择了安逸！

安逸使人堕落，磨难使人发奋

曾经看过一篇文章，大意是作为父母的我们要努力打拼，这样才能让我们的孩子按照自己的意愿过一生。

然而我们好像忽略了一个事实，那就是一个人之所以能产生强烈的意愿，不论是强烈地成为谁还是强烈地渴望改变境遇，都往往产生于我们最不愿提及的那个词语——磨难。

我们正变得越来越不堪一击，无法接纳自己曾经的磨难，也不愿孩子重复我们的痛苦，然而成长这件事，谁都无权越俎代庖。

那天上课的时候，我发现教室的后排座位上多了一个新面孔。

课间休息的时候，我走过去与她攀谈起来。作为一名职业培训师，我养成了一个职业习惯，那就是每次只要出现新的面孔，我都会去了解对方的学习意愿以及过往经历，因为经验告诉我，不同的意愿及不同的经历，对一个人今后的学习效果会产生深远的影响。

在得知这个姑娘还是会计专业的一名大三学生时，我不禁感慨道："现在的孩子真了不得，这么小就有如此强烈的学习意识了，能提前为自己的职业生涯做准备，更是难能可贵了。"接着我问她："你想过自己以后要做什么吗？"

没想到女孩的回答让我大吃一惊，她说她不想上班，最大的愿望就是可以通过考试拿下注会证书，以后把证书挂靠就能躺着赚钱，剩下的时间就可以任性地吃喝玩乐，这就是她向往的理想生活。

我怔住了，从年龄上来说，这位女孩不正是应该处于对未来充满无限憧憬的年纪吗？可从她脸上流露出的老成及莫名的自信来看，我隐约感觉她的家庭条件不一般。

一问才知，她的父亲是某银行的中高层领导。她说从小到大，父亲就提前给她制定好了一个完美的人生方案，包括她上学就读的会计专业，以及现在来培训班上课，完全是由她父亲一手安排的。

"可是就目前的情况来看，一来注会考起来并不轻松，否则这个证书就不会有如此高的含金量了；二来挂靠这种事情存在不少风险，同时市场上的挂靠价格显然远远不够你的开销。"我说。

"没事，我爸说了，我这些年不工作无所谓，他出得起钱养得起我，以后再找个有钱的老公，这一切就全妥了。"她说。

我已经不止一次接触过类似的孩子了。

他们从小养尊处优，生长在优渥的家庭环境中，这种安逸的生活让他们逐渐丧失了思考的能力。

"为自己的人生负责"这种观点在他们的概念中几乎没有，他们知道的就是，既然父母已经给我规划了一个完美的人生，剩下的就是按照他们的意志去做就好，工作不工作也无所谓，家里也不差他们赚的那点钱。

于是这些孩子表现出来的，是对学习的严重不上心。换句话说，他们学习不是为了自己学，更多的像是为了给父母一个交代，所以学习动力不足。

而动力不足的后果，就是对知识的把握永远停留在一知半解的层面，由于现实远没有达到迫切需要他们改变的地步，所以他们的学习效果也大打折扣。

不论是工作还是学习中，你会发现很多人都有制订计划的习惯，但同样的计划，有些成功有些没成功，关键在于两个字——坚持。

而坚持这件事情更容不得一丝虚假和水分，尤其在看不见未来的日子里，你难免会产生懒惰等情况，有的时候意志力并非想象中的那般坚定，你会常常禁不住诱惑，从而导致很多努力都以无效告终。

有一个观点我很赞同，那就是你之所以无法坚持，根本原因就在于你发自内心想要实现这个目标的欲望或动机不够强烈，不够"致命"。

换句话说，在你没有感受到切实的压力与危机之前，你根本就不清楚自己想要什么样的生活，而这些往往可以通过一样东西获得，那就是"磨难"。

曾经读过一篇文章，里面提及犹太民族，说他们这个民族之所以那么杰出，和他们的历史生存环境有着密切联系。他们的历史生存环境，甚至可以用"多灾多难"四个字来形容。

我相信所有人的骨子里都是贪图安逸的，那根懒惰的神经会时不时把你往回拽，让你继续待在舒适圈里，但正如"温水煮青蛙"一样，它会慢慢消磨你的斗志，直到你失去最后一丝反抗的气力。

某一天，教师群里的一位老师分享了一张图片，画面让人震撼。

那是一位妈妈，一手托着一个一周不到的孩子，那个孩子在妈妈的腿上睡着了，另一只手腾出来在专心地登账本，那种坚毅的眼神足以打动每一个看到照片的人，那个眼神里满满都是两个字——渴望。

她渴望改变自己的现状，她渴望学到一技之长能在社会上立足，她渴望自食其力不受他人白眼，这一切的一切都源于生活给她的磨难。

所有的女人还是女孩的时候，都曾有一个粉色的公主梦，恨不能这个世界上所有人都围绕着自己转，恨不能自己一声令下什么也不用做就可以得到想要的一切。

而当我们真正接触到实实在在的柴米油盐的生活，你会知道，原来再亲密的爱人也会因为你的不思进取给你白眼甚至冷遇，你更会感受到婚姻这座围城里难以言说的人情冷暖。

眼看着你的双亲逐渐老去再也无法呵护你，你的嗷嗷待哺的孩子每天眼巴巴地望着你，用稚嫩的声音呼唤你，你会瞬间明白生活切切实实的分量，也渐渐学会放下曾经那个任性自私的自己，转而去做好所有该做的事，而不仅仅是出于喜欢。

你明明白白地知道，这个世界没有什么救世主，真正能唤醒你的潜能，让你成为不可思议的自己的，恰恰是磨难而不是安逸。

磨难使人发奋，安逸使人堕落。

磨难是一种自我训练，当你特别烦躁的时候，先保持冷静，或者看一部开心的电影，或者喝一大杯茶，或者穿上跑鞋出门去跑上10千米。不要试图跟朋友聊天，朋友是跟你分享快乐的人，而不是分享你痛苦的人；不要做一个唠唠叨叨的抱怨者，从现在起，要学会自己去化解，去承受。

静静地过自己的生活，现在的我，不埋怨谁，不嘲笑谁，也不羡慕谁。阳光下灿烂，风雨中奔跑，做自己的梦，走自己的路。用心甘情愿的态度，过随遇而安的生活。遗憾，随风散去；美好，留在心底。给心灵一米阳光，温暖安放。心若向阳，无畏悲伤。

当风雨来的时候，迎上去就是

[01]

永辉是我以前的同事，不久前离职创业，开了一家主题餐厅。几天前，在朋友圈看到他发状态说新店生意火爆、忙到不行，我有一点儿惊讶。明明前一天，他还跟我念叨说因为菜品不够有特色，地段也不是繁华闹市，生意有些冷清，估计这个月连保本都难了。

"怎么你朋友圈发的，跟你和我说的不一样？"我微信他。

永辉很快就回我了，说父母也是他的微信好友，不管生意如何难做，他都不希望父母担心。而且，他已经在着手改进菜品，希望很快会有起色。

"报喜不报忧，是不是成长的一个信号？"永辉问我。

我更惊讶了，在我的印象中，永辉一直成熟、干练、刚毅，做事风风火火，考虑起问题来又细致周到，为人不失谦和，因此人缘很好。这样的人，还需要成长吗？

永辉这才告诉我他的故事。5年前那个春天,他28岁,因为投资失败,窘迫到几乎身无分文。不少人听说后都指指点点,说他压根儿不是做生意的料。不久后,婚姻亮起红灯,跟老婆办完离婚手续那天,他在梧桐树下的人行道上数了一下午的地砖。

他想了想他的人生,16岁中考失利,19岁高考落榜,22岁和初恋女友分手,28岁投资失败,然后结束了那段原本以为会白头到老的婚姻……那么多不如意,让他怕极了挫败。于是,他决定逃了。

把不满3岁的儿子扔给已经年逾古稀的爷爷奶奶,自己逃到另一座城市,找了一份行政助理的工作,常常加班到夜里一两点才能回到简陋的租住屋。

累,他不怕;苦,他也不怕。他唯独不敢做的是面对——面对人生的狂风暴雨,面对生活的波诡云谲,面对不能拒绝的成长和不能推卸的责任。

[02]

从年龄上说,二三十岁,已经不是可以让人任性的年纪。可永辉说,可能因为之前的不顺,性格中有自卑的阴影挥之不去,他的内心孤独而脆弱,看问题很消极,依赖心理极重,似乎觉得还没有成熟到可以独立支撑一些事,所以遇到难题第一反应就是躲。

躲到另一座城市做行政助理的那些日子,他每天都处在焦灼、低落和梦魇中。虽然白天忙得腰酸背疼,但晚上还是会失眠。他常常坐在窗边望着天,发一整晚呆,或者打一整晚游戏,感觉自己迷失了方向,像迷离的风,像天边胡乱飘移的云。

那一年他过生日,接到老爸的电话。老人说,我们不盼你赚多少钱,只希望你健康平安,成长为一个横刀立马的人。

"横刀立马"四个字，让他泪流满面。他收拾行李，没过几天就回了家。

回家之后的日子异常艰难，他一边要承担起做儿子的责任，照顾双亲；一边要扮演好父亲的角色，早起送孩子上幼儿园，降温了叮嘱孩子添衣；一边还要打好几份工，攒生活费；到晚上，还要自学大专课程。

那段时间，他在街边发过广告单，被拒收、遭人冷眼是经常的事；他送过快递，不管外面多冷，骑辆电动车就出门了。有一回，一个客户住得实在偏僻，他迷路了，等找到那户人家送完快递出来，发现外面下大雨，还没有路灯。他小心翼翼地骑，最后还是连人带车摔进水沟里……

[03]

永辉说，那段艰难日子，不仅使他身体上更折磨，更使他的精神产生了蜕变。要从一个习惯了依赖和逃避的人，变得能独立对自己负责并为家人遮风挡雨，那个过程很艰难，充满疼痛。但你清楚地知道，总有一些困难的局面，需要你独自面对，不是你躲了，状况就会好起来。成长，终究是你无法拒绝的。

我问永辉，成长是什么？

他说，成长是经历，你要走很长的路，去受风吹雨打；成长更是感悟，那些坎坷不是白受的。就像做面食，既要努力揉面，也要醒面，让时间去酝酿，去起作用。然后你会发现，你经历过的所有那些磨难和艰辛，最后都变成了你的财富，让你更强大。

我也问过他，"横刀立马"又是什么？

他说，你想象一个威武的人，骑着马横在路上，手持战刀，敢于挡住对手的去路。那是一种果断和刚毅，面对挫折或者不理想的状态，想的不是退缩和逃避，而是迎难而上，有敢跟对手叫板的勇气。那也是一种成熟和睿智，是看清事件的前因后果之后，能淡然处之的人生态度。

于是我明白了，永辉还在向着他"横刀立马"的人生目标奋斗，虽然还未达到，但他早已不是5年前的他。

每个人都难免会有脆弱的时候，那些看似强大的人，无非是比我们更懂得如何将弱势化为动力。那些失败、那些伤害、那些委屈、那些苦难，可以打扰我们的心情，可以煎熬我们的身体，但终究抵不过我们的努力，抹不掉我们的坚持，更加夺不走我们想要改变的信念。那句话说得对：凡是没有打败你的，都会让你更强大！

既然成长无法拒绝，当风雨来的时候，怕什么？迎上去就是！

不同的风景，有不同的美妙；不同的生活，有不同的味道。总有期待，总有无奈，总有成功和失败，总有平凡和精彩。别因一时的挫折而烦恼，别为一时的弯路而急躁，只要顺其自然不随波逐流，保持淡然不追名逐利，快乐就会来到，幸福就会把你拥抱。

年轻时走过的弯路是人生的必经之路

与好友聚会总会有特定的主题，这次的主题是"最委屈的事"。话题抛出的时候，我便沉默了。

其实，在我的心中，有一段不敢提及的三年时光。毕业的时候，不写同学录，走的时候，不流一滴眼泪，甚至有一种解放了的喜悦。然后呢？然后就彻底在我的心里除名了。

是一场莫名其妙的"被早恋"，使我的初中生活陷入莫名其妙的囹圄。那时，你忽然觉得自己只有一个人了，父母、同学、老师，都站在了你的对面，你被高高升起在跷跷板的另一边，随时可能坠亡。

被早恋并不可怕，可怕的是对象是老师眼中最优秀的一个男生。我至今想不起来事情的原委是什么，只记得被人问过一句：你觉得他怎样？我说，挺好的，是我喜欢的类型。于是，便被全方位包围了，手无寸铁，实在不行，也只能不停地捡石子来武装自己。

母亲失望地把我关在门外整整一个晚上，不容我分辩，烧了我带锁的日记。其实，日记里什么都没有，除了我的心情。可我在哭，母亲便认为我默认了。老师把我叫进办公室，仿佛是害怕我影响了他们心中的那个好学生，叫我放手。可我并不喜欢啊，但老师不相信，她说我在狡辩。那个男生陷入了一种恐慌，其实我也是，老师的话，只让我委屈得想哭，可我却什么都说不出来。讷言的我第一次知道不懂表达是多么的无助，只是不停地点头。至于同学，他们并不愿意跟被老师否定的这个女生在一起，虽然她成绩还不错，并一直处于前列。可是，这个并没有用，在见到那个男生的时候，他们永远会斜着眼看我的表情，攫取我的不安，然后起哄。那段时间，我每个课间都读书，我不敢发呆，发呆让人更加恐惧，我记得我怎么都不敢随意目测别人的眼光，连走路都是，走在最后一排的我，前面盯着的就是别人的后脑勺。

别人说完的时候，就轮到我了。圈子是有规则的，秘密不能单向获取，痛苦也是，彼此交换才能长长久久地相处，否则自动出局。我想了想，还是说出来了。

惊诧于自己也没有什么遮掩，一股脑儿把所有的事情都腾倒在众人面前，甚至于说着说着就笑了，然后继续说。这之后，又是一阵沉默。

那一天晚上，许多朋友给我发信息，无非是安慰，其中一个说：这是我第一次听到你讲悲伤的故事，我想象不出你曾经经历过那样的烦恼和痛苦。

我说：没关系，都过去了。

我不知道自己怎么也会用这么简单又纯朴的回答，但是有一点是明确的，那就是我早已释怀。虽然在讲这一个抽丝剥茧般的故事前，我一直在挣扎要不要违心地换一件事，但当我说出这一件事时，我发现，所有我认为痛苦的、委屈的事，在放在阳光下时，也仅仅像一件过去的展览品而已，供人欣赏，供己缅怀，不悲不喜，却珍惜万分。

前些日子，刘若英携新书《我敢在你怀里孤独》出现在公众面前，这是她产后第一次在公众面前露面，自然有媒体不会放过"陈升"这个话题。许多人都知道，曾经在侯佩岑的节目上，奶茶数度落泪，又数度控制不住情绪表达对师傅的喜欢。说出"如果我飞远了，你可以拉拉线啊，风筝的线永远在你的手里！你一拉线，我就会回来的"这句话时，奶茶情绪一度失控，这大约早已超越了师徒之情。当然，媒体对他们的爱的描述，也丝毫不节制，在多年之后，每每说起刘若英，总是牢牢地与陈升捆绑在一起。刘若英结婚，在微博幸福地晒怀孕照、晒孩子，大家才渐渐地让她回归到那个婚姻中的女人，而她的名字，还是离不开陈升。不过，奶茶倒是大方，说自己坐月子的时候，升哥升嫂都来看过她，并表示以后还会合作。或许是一种客套，可客套又怎样，时过境迁，她早已在媒体面前开始谈书、谈婆婆、谈小孩、谈婚姻之道了，至于陈升，也已在此消彼长中慢慢被陈列进过去。

周末，碰到一个许久未见的老朋友，因为许久未见，便不知道她早已离婚。

"你和老姜如何了？"我随口一问。

想来，他们是大学同学，后来一路走到领结婚证，已是水到渠成、最好的结果了，所以，万万没有想到离婚这事。

她说："我和他早就离婚了，我现在一个人住。"

开车的我大惊失色，甚至猛地踩了个急刹，这感觉就是抱歉又惊吓："对不起，对不起啊，我不知道。"

她说："如果是两年前刚离婚那会儿，你问我，兴许我会哭，会说不下去，会受不了，但现在，真的没关系了。"

我无意于戳你的伤口。

没事，伤口也会结痂，不过是快一些慢一些的事，最后便成了标记。

这个老朋友与我说他们离婚的经过，她淡淡地说，我静静地听，她好像在陈述别人的故事。男人出轨，对于一个自尊心极强的女人来说，简直是侮辱。离婚，是不得不到来的事。离完婚，站在20楼的天台，觉得一切都是灰暗的。如果没有母亲那个偶然的电话，或许就没有现在活着的她了。她洗了把脸，还好，还记得请假，向老板请了整整一个月假，也在家关了整整一个月，发现整个人绕不开的是自杀，后来去心理医生那里治疗了半年才走出来。虽然能听出她依然有那么一点不甘与不舍，但说完之后，我们便接着聊下一个话题了。而这也仅仅是一个话题，或者说是一个开场白而已。

打磨，所有都是时间的打磨吧，什么痴和傻，都变得正常。可若干年后呢，就是可以被人欣赏的旧衣服，带着自豪，就算有过血和泪又如何。

总是会在深夜的街头，看到一些姑娘在路边哭，哭得撕心裂肺；也总会在酒吧门口，碰到那些摔碎啤酒瓶，把自己割得鲜血直流的人；那些郁郁寡欢而站在高楼上想跳的男人女人啊，难过的时候，看到万家灯火，也没有看到希望，只想早点了断。生活、感情、工作，这个世界真的有太多的烦忧让我们痛彻心扉，无论你觉得值不值得，但那一刻，没有开始，只有结束，想逃离，逃离，逃离。

张爱玲说：有一条路，每个人非走不可，那就是年轻时候的弯路。每一个人的爱恨纠缠，都是必经之路。走过了，便是你的人生；没走过，不，很少有这样的可能，不过是走得快走得慢而已。当你一帧帧回放你的人生时，才发现前尘往事是极充盈饱满的。就像是一个展览，展品未必件件珠玑，却都是你亲自雕刻出来的朴实的映现。它们绘声绘色，随意放在某个地方，哪怕不显眼，也依旧格外动人。

不能拥有的，选择放弃；不能碰触的，学会雪藏。读懂了淡定，才算读懂了人生。淡定需要时间和实践的积淀和净化，是一种拨云见日，是一种豁然开朗！少走了弯路，也就错过了风景，无论如何，感谢经历；生活的主题就是面对复杂，保持欢喜；现在事，就是现在心，随缘即是；未来事，未来心，何须劳心。

别担心自己会吃苦，正是生活中的那些苦，才能激发我们向上的力量，使我们的意志更加坚强。瓜熟才能蒂落，水到才能渠成。和飞蛾一样，人的成长必须经历痛苦挣扎，直到双翅强壮后，才能振翅高飞。

人的成长必须经历痛苦和挣扎

每年公司都会来一两个实习生，今年新来的实习生是个不爱说话的小姑娘，我们都叫她豆豆。北京的实习生工资都不高，尤其是寒暑假。很多大学生为了给自己未来找工作多一份筹码，一般都会积极地到处找实习单位，哪怕待遇特别苛刻。

实习生供过于求，自然价格就低。而公司位于CBD的核心区——国贸，每天的消费又很高，一顿稍微像样点儿的午餐最便宜也要30元，再加上来回地铁的费用，一天下来工资就用掉快一半儿了。

第一次见到豆豆，大多数人的感觉和我一样，不会对她有什么深刻的印象。她二十来岁，个子不高，模样不娇艳，戴副眼镜，梳着普普通通的马尾辫，穿着毫不时尚的宽大T恤。她这样的姑娘走在熙熙攘攘的国贸，只需要一秒钟，就被西装笔挺、妆容精致的高级白领们淹没得无影无踪。

倘若是在一般公司也就罢了，但豆豆来应聘的这家公司偏偏是北京传媒界响当当的顶尖公司，公司里个个都是人尖中的人尖，精英中的精英，不仅外形比着赛着的靓丽，八面玲珑的功夫更是炉火纯青，在这群人中，豆豆无论哪个方面都显得不起眼儿。

写了几期稿子后，领导对豆豆有些不太满意，觉得这个姑娘天资并不聪颖，写出来的东西充其量只能算是中规中矩，离他所期望的"出彩"尚且有着一段距离。每次公司的编辑们开讨论会，畅谈思路或调侃嬉笑的时候，豆豆通常就只在旁边微笑地看着，俨然一个局外人。

公司的新人流动性很大，一是因为工作压力大，二是因为领导为了节约成本，一般都会遵循"把女人当男人用，把男人当牲口用"的原则。豆豆上班不久，对面的一个小伙子辞职了，领导就把原本应该两个编辑完成的工作都压在她一个人身上了。不仅如此，一旦有稿件不足的情况，还会经常要求豆豆写上几篇用来应急。

有一次，豆豆觉得有篇稿子如果配图的话效果会更好，便向领导申请去向专业摄影师购买相关的照片，价格不到二百块钱，但是领导却沉下了脸："这种事还要花钱？你自己拍一张就好了。"从那以后，豆豆又兼职当上了摄影记者，写稿之后便拿着相机去拍素材，之后自己编辑，自己设计版面，拿着一份微薄的工资，却承担了好几个人的工作。

豆豆的勤奋几乎可以用任劳任怨形容，只要交给她的事她就一定会拼尽全力去做，自己不懂的就周末去图书馆查资料，白天干不完的就熬夜接着干，哪怕是别的编辑都不愿意接的活，她也做得毫无怨言。朋友忍不住问她："不过是次实习而已，何必如此认真？"豆豆只是笑笑："我天赋一般，学东西也慢，再不比别人多努力，更赶不上了。"

工作虽然很苦，但豆豆乐此不疲。当家人和朋友劝她换个工作时，她却总是轻轻地笑着回答："时机未到。"兢兢业业做了一年，豆豆也拿到了毕业证。领导主动提出给她涨薪，豆豆只是笑笑，然后递上一封辞职信。

之后再去参加应聘，便出乎意料地顺利，几个应聘者一同上电脑做版面，豆豆第一个完成，而且做得简洁漂亮。让写一段编者按，豆豆写得犀利透彻，入情入理，面试官看她的眼神充满了惊讶。豆豆甚至拿出了一大摞自己平日拍摄的适合做新闻配图的照片，虽然这并不是编辑责任之内的事情，但却为她在面试官那里赢得了很高的加分。最终，豆豆在应聘者中脱颖而出，成功应聘，薪水是一年前薪水的五倍。

就这样，豆豆在隐忍了一年后，终于等到了那个时机，而当初承受的所有压力和辛苦，如今都变成了滋养她的能量，让她在经历那段黯淡人生后得以闪闪发光。

类似于豆豆的故事，每天都会上演，因为总有一些人愿意为自己的梦想奋不顾身。我们总会羡慕很多人陡然之间走运了，然而他们在发光发热之前的沉寂、隐忍和奋发，却鲜有人留意。

他们当年很可能并没有出众的天赋，没有过硬的背景，没有丰富的经验。在很长一段时间里，他们甚至不得不因自己不够出色而受到轻视甚至无视，但他们无一例外全都接纳下这一切，并将之转化为动力。如同豆豆，她从别人看起来不公平的工作中积攒着力量，把别人休息的时间拿来提升自己，她时刻追赶着前面的人，追着追着，便慢慢超越了人群。

冯仑说，伟大都是熬出来的。为什么用熬？因为普通人承受不了的委屈你要承受，普通人需要别人安慰鼓励，但你没有；普通人以消极指责来发泄情绪，但你必须看到爱和光，在任何事情上都学会自我解嘲；普通人需要一副肩膀在脆弱的时候靠一靠，而你就是别人依靠的肩膀。

所以我想说，年轻人，别担心自己会吃苦，正是生活中的那些苦，才激发我们向上的力量，使我们的意志更加坚强。瓜熟才能蒂落，水到才能渠成。和飞蛾一样，人的成长必须经历痛苦挣扎，直到双翅强壮后，才能振翅高飞。

无论走到生命的哪一个阶段，都该喜欢那一段时光，完成那一阶段该完成的职责，顺势而行，不沉迷过去，不狂热地期待着未来，生命这样就好。不管正经历着怎样的挣扎与挑战，或许我们都只有一个选择：虽然痛苦，却依然要快乐，并相信未来。

不要瞧不起你手头上所做的每一件琐碎小事，把它们干漂亮了，才能成就将来的大事。不要去焦虑太远的明天，因为焦虑并不能解决任何问题，只会令现状变得更糟糕。虽说是谁的青春不迷茫，但你迷茫的原因往往只有一个，那就是在本该拼命去努力的年纪，想得太多，做得太少。

认真地去做好一件事，人生便能无憾

最近忙得昏天黑地，处理完一大堆的文件后，点开聊天工具才发现，一天前，雪宜给我发了条信息还没有回复。

"最近你是不是很忙呀？总看你不在线。"

"最近忙得脚不沾地，看，你昨天发的信息我现在才有空回。昨晚又通宵了，一会儿早点下班。"我回复她的信息。

"一直想找你聊聊，最近一直好迷茫。你说，我要不要换个部门啊？据说新的部门，都是特别辛苦的，他们都加班到十一二点，要是换一个新部门，又特别累，那还不如不换了；可是现在的部门，一点意思都没有，那么点事情，做来做去，都是实操性的，一点高度都没有，又学不到东西。怎么办，我好纠结啊！"

看着她打出来的一长串字，我的内心咯噔一下，这又是一个不安于现状，内心躁动不安，又担心未知未来的可怕，不敢尝试而又蠢蠢欲动的纠结者。

回家打开邮件，最新的一封邮件是学弟的，显示是一个小时以前，我刚下班那会儿发过来的。

"姐，今天好多同学参加校招面试了，好多人回来说有些企业还不错，竞争激烈，而且研究生的就业率其实也没想象中的那么好，我是先去跑一跑校园招聘会，还是先准备着考试？好纠结啊，现在感觉每天看书都看不进去，要是明年考不上，我又没有去参加校园招聘，找工作的最佳时期就这么过去了，到时候会不会找不到好工作？"

他的状态，跟我之前大四快毕业时候的状态差不多，那个时候，我不也是这样抱着不甘心的心理，用着不专心的态度，在考研这条独木桥上横冲直撞，最后还壮烈牺牲了吗？

我可以给出什么建议？告诉他，别着急，专心做一件事，总能把这件事做好。可是当初的我，不也是在经历了惨痛的失败后，才明白自己是这山望着那山高的时候，已经不抱太大的希望了吗？给自己找退路，是在失败的时候给心里留一点小安慰——天资不够，别拿努力来凑。

我们害怕去尝试，因为我们害怕失去。不去尝试，至少现状不会太差。我们总是告诉自己：要是换个环境，会不会比现在更差？要是换个工作，会不会比现在更累？

于是，我们就开始自己吓唬自己：会的呀，如果改变了现状，你要花更多的时间去适应，你要放弃现在的一些约定俗成，更会导致你可能要起得更早，睡得更晚，圈子更新，不能适应。然后，好不容易鼓起的那点勇气，就被自己无情地拍灭在脑海里。不久之后，沉浸在自己每天完成的一成不变的工作里，对自己说：瞧，这样多好！

那么，我们的人生是过成了自己最不想要的样子，还是我们都没有努力去尝试过，就觉得一定不会成功？

我开始整理我要告诉雪宜和学弟的话：每一个选择，只要做了，并朝着这个方向去努力了，终究会成功，至少，是你自己的成功。

考研期间，蠢蠢欲动的时候，我隔壁的一个学霸妹子看到我好几天焦灼不安，走过我身边的时候就说了一句话：与其看着别人去做，不如自己做个了断。要是像你每天这样心不在焉地准备，研究生也不用考了。你人生最坏的结果，也不过是没有过成你想要的样子。

虽然我当时因为被人看穿心思而很尴尬，但却又无力反驳。

后来，我发现自己没有专业方面的优势，便收拾行装跟着大家一起去面试。当我穿上西服穿着黑皮鞋的时候，我暗暗告诉自己，既然选了这条路，就要孤注一掷地去做到最好。没有考研计划的压迫和紧张，沉下心来准备面试题目和搜集企业资料，与朋友探讨面试经验和简历细节。意想不到的是，面试出奇的顺利，拿到录用通知的时候，正好学霸同学也拿到了录取通知书，在曾经的考研教室里，她戴着厚厚的镜片，笑着看着我说："恭喜你，找到了你选的那条路。"

我紧紧握住她的手，说："谢谢你那时候点醒我。"

我跟雪宜说：其实，最重要的是问问你自己，是想要安稳枯燥的生活，还是想要一个更精彩的未来。没有人会有那么好的精力去尽善尽美过好生活里的每一个细节。我们平凡人，终究不能太贪心，做好一件事，就有一件事的价值，妄想做好每一件事，就会顾此失彼。

纠结的时候还不如好好想想最想要的生活是什么。别人的人生或者朋友圈里的每一种生活，都是经过了百般修饰、增光加亮以后，筛选出来的精致片段，如果你把它当作你的人生参考，我只能说你太傻。

换个部门，也许会碰到百般困难，从头开始积累专业知识，也许会碰到不好的同事，被百般刁难。可是，如果仅因为担心未知的困境也许会比目前更差，会不如窝在现在的舒适区，做自己的山大王，那么错过的，就是另一个人生。

我给学弟讲了我自己的经历，没有再收到他的邮件。不久之后，他给我发了一条微信：姐，我没有考上研究生，也错过了最佳的企业招聘期。我现在特别后悔没有听你的话认真地去做好一件事情。虽然我找到了一份工作，但是的确没有之前同学们找到的那么好了，待遇也差了好大一截。现在我不再纠结了，既然是我自己种下的因，这就是我要承担的果。但是，我的人生也还刚开始，一次错了，不代表以后还会这样。我会努力在现在的岗位上做好自己，也通过这件事，我明白了你说的那句话——人生最坏的结果，也不过是大器晚成！

收到这条短信的时候，我正好经历了一场艰苦卓绝、据理力争的资源探讨会，心累得不想说话，但是因为准备充分，在最后的紧要关头，扭转局势，争取到新的预算。我长舒一口气，看着他微信的最后一句话，像是夏日里喝了一杯清凉饮品，产生了强大的共鸣。

抬头看看外面车水马龙的世界，想起一句话：最痛苦的事，不是失败，是我本可以。去做就好了，如果不去做，这个遗憾可是会抱憾终生的！

一个真正聪明的人，小事糊涂而大事睿智，为人低调而洞若观火。做人如水，以柔克刚。只有那些以不争为争的人，才能笑到最后，成为真正的赢家。低调者更容易成事，无论自己有多大的能耐，都不可锋芒毕露。学会低调，懂得藏拙，大智若愚，韬光养晦，才可能赢得整个人生。

你发的一切飚都是个屁。没有经济上的独立，就缺少自尊；没有思考上的独立，就缺少自主；没有人格上的独立，就缺少自信。努力是你的象征，自信是你的资本，微笑是你的标志。无须故作悲悯，更无须刻意讨好，你需要的是自我丰盈与精彩。

生活不给你微笑，你就笑给它看

［01］

父母有一个朋友，我们称呼她柳姨。因为父亲是柳姨儿子的救命恩人，所以我们两家的关系更为特殊，像亲戚一样保持着有节奏的来往。

柳姨年轻的时候，嫁得很好。丈夫英俊潇洒，头脑灵活，生意做得风生水起。

柳姨在家相夫教子，不曾出去工作，也很少过问丈夫的生意，一心一意地做贤内助。

小城的人们对柳姨是艳羡的：这是几辈子修来的福啊。

柳姨每次来家里，脸上都是带着恬淡的微笑，从来都没见过她愁容满面。

所以，我对柳姨也是羡慕的。即便是当时的我，尚处在无忧无虑的年龄，也有很多忧愁的事情。作业永远写不完，假期永远不够玩。

后来听家人说，柳姨的丈夫跑了，带着一个女人远走高飞了。

柳姨的丈夫卷走了家里所有的钱，厂子里值钱的设备也被他偷偷卖掉了。

孩子还小，柳姨没有工作，手里只剩下厂里的一堆破铜烂铁，以及丈夫做生意时赊原材料的一堆外债。

[02]

在小城里，这种事情自带一双翅膀，很快就传遍了大街小巷。

人们之前对柳姨有多羡慕，现在就有多幸灾乐祸。尤其是，柳姨被一个男人以这么决绝的方式甩了。

在小城人眼里，这本就是一个女人难以翻身的耻辱。

没有人知道那个女人到底比柳姨好在哪里，但是大家却认定：柳姨是因为有多差劲才会被甩。

再看到柳姨的时候，我拿着作业本偷偷躲在一边观察。

虽然当时年龄小，对大人的事情似懂非懂，但是我也隐约意识到：柳姨不再像以前那样衣食无忧了。

年纪小小的我，对柳姨生出了几分心疼。可是，柳姨的脸上还是带着从前那样的恬淡笑容。

我的父母心疼她，关心她，但是终究没主动开口。还是柳姨自己淡然地开了口，说："走了就走了，不是自己的留也留不住。"依然是带着微笑的脸，就像从前衣食无忧时那般。

为了解决自己和儿子的生活问题，为了不让催债的人围堵家门，柳姨跟亲戚借了一大笔钱，重新整顿了下前夫留下的厂子。

她自己也学起了手艺，省下一个工人的工钱。她不曾干过粗活的手，迅速地起了一层厚厚的茧子。

没有人知道，柳姨在安静的夜里流了多少泪，犯了多少愁。可是，只要天一亮，她脸上的微笑就又回来了。

[03]

人们都说，爱笑的人，运气不会太差。

慢慢地，柳姨的生意居然做得像模像样起来。

一点一点地还上了前夫留下的债务，她和儿子的生活也渐渐没之前那么困难了。

但是，期间她也曾摔了一个大跟头，被一个老客户骗了一笔钱。报了案之后，事情并无眉目。

再见她时，她依然面带着微笑，淡然地说："钱没了就没了，财去人安乐。"

一个人辛辛苦苦撑了那么多年，终于盼到她儿子大学毕业，她松了口气，不用一个人扛着了。

可是，从小温顺听话的儿子，在外面爱上了一个不该爱的人，居然变得有些莫名其妙的叛逆。

老公跑了，钱没了，被嘲笑，被骗，她都没把忧愁写在脸上。我想，这次她该难过了，毕竟是相依为命的儿子伤了她的心。

可是看到她时，她还是面带微笑，说："儿子从小一直很懂事，这叛逆期来得有点晚。叛逆期过去就好了。"

柳姨的儿子终究还是清醒了过来，给她娶了一个很孝顺的儿媳妇。

这几年，她放下外面的生意，交给儿子打理，说自己该享享清福了。

[04]

据说去年，她前夫曾回来过，混得很落魄，私底下找自己的儿子要钱。

她儿子心软，但是又怕母亲生气，便偷偷给了父亲一笔钱。

有人跟她"通风报信"，她微笑着说："给就给了，毕竟是他爸。儿子是个好儿子，孝顺。"

其实，她早就知道了，只不过睁一只眼闭一只眼而已。

过往的恩怨，她不曾留在心底，所以并未生出仇恨的根。

小时候，我只是看到这样一直微笑的柳姨，就觉得她是个传奇。

长大了，我回顾她过往人生的那些片段，更觉得她是个传奇。

她人生的每一次跌倒，我都觉得胆战心惊。

可是回想起她的每一个微笑，我的内心却也跟着变得云淡风轻起来。

有些人就是这样，她成功或者落魄，你都会觉得她是一个无法逾越的传奇。

她一直挂在嘴边处变不惊的微笑，就足以让你觉得无比耀眼。

[05]

确实，生活有时很糟糕，但是在糟糕面前保持一如既往的微笑，是一种能力，也是一种魅力。

这种能力，并不是每个人都具备，但每个人的生活都藏匿着一塌糊涂的糟糕。

若静下心来仔细想想，生活真是糟糕透了。那些糟糕的事情，我们用一辈子的时光都难以倾诉完。

拥挤的路况，似乎从来不曾好转，上下班的那条路永远那么堵。

世界上最远的距离不是你在天涯我在海角，而是你在五环，我也在五环。

房价跟物价涨得飞快，工资却停滞不前，让人觉得工作跟失业也差不了多少。

偌大的城市，似乎永远缺自己落脚的一平方米。

雾霾一直都不曾有大的好转。灰蒙蒙的天，总是轻而易举就吞噬了眼前那点光亮，让人觉得前途和空气一样瞬间变得黯淡。

即使生活本身，也自带了诸如此类的糟糕和不堪。更别提每个人自身经历中，那些糟糕到让你觉得透不过气来的情节。

［06］

王尔德说："我们都生活在阴沟里，但依然有人仰望星空。"

每个人的生活，都有着不为人知的糟糕。

但是，将我们从糟糕和不堪里区分出来的，就是那面带微笑"仰望星空"的与众不同，始终带着对过去坦然的接纳和原谅，对未来热切地仰望和憧憬。

保持微笑，是庆幸和感恩。无论生活多糟糕，感谢我们还有继续体验生活的机会。

你也许不会知道，你堵在这个路口狂躁不安，而有人却躺在下一个路口的血泊中。

你也许不会知道，你在租住的温馨小屋里抱怨房价，而有人终日风餐露宿；有人在对明天的期待中沉沉睡去，再也看不到天亮。

保持微笑，是镇静和随遇而安。无论生活多么不堪，始终不乱了阵脚，保持着随遇而安的镇静。

普希金曾说过：假如生活欺骗了你，不要悲伤，不要心急，忧郁的日子里需要镇静。

面对糟糕的生活，你脸上那抹淡然的微笑，就是一股无言的镇静。

生活不给你微笑，你就笑给它看。总有一天，你会守得云开见月明。

假如那一天姗姗来迟，那抹微笑也是你最好最温暖的朋友，让转机来临之前的每一天都多一分朝气和蓬勃。何况，那过去了的，终将成为亲切的怀恋。

所以，无论何时，无论生活多么糟糕，都请微笑着仰望星空。这是你继续前行的力量，也是对美好未来的召唤。

不再为一点小事伤心动怒，也不再为一些小人愤愤不平。一定要打扮得清清爽爽、漂漂亮亮，从容自若地面对生活。过一种平淡的生活，安安心心，简简单单，做一些能让自己开心的事。对生活不失希望，微笑面对困境与磨难，心怀梦想，即使梦想很遥远。

你想过普通的生活，就会遇到普通的挫折。你想过上最好的生活，就一定会遇上最强的伤害。这世界很公平，想要最好，就一定先接受最大的痛苦。能闯过去，你就是赢家；闯不过去，那就乖乖做普通人。

走过最难的路，接下去的路就好走多了

昨天晚上跟一位特种兵帅哥聊天。

他是我表弟。

当然他现在已经是特警了，还是大队长。

我们已经很多年没有联系了，彼此都不知道对方的情况，就是最近两年，才忽然有一些他的消息。

第一次听说他的职业时，我的想法是：哇，好幸运，怎么就那么幸运地成了人生大赢家呢？

如果我说出他的成长环境，你们就会明白，我的感叹一点都不多余。

他的父母，也就是我的舅舅舅母，都是普通的农民，唯一擅长的就是种地，而且他们住的地方，田地并不是很多。这也就意味着，无论你多么勤劳能干，每年的进账也多不到哪儿去。

表弟就是在教育资源最不好的农村小学读书，成绩也不是特别好。后来就和很多农村小伙子一样，在合适的年龄，选择去当兵。

他的身后没有任何资源，没有有钱的父母，没有强硬的后台，自己也非天赋异禀。这样的孩子在农村真是太多了，他们的出路很有限，要么读大学找份好工作，要么早早出去打工，要么就是当兵退役后出去打工，几乎没有更好的路可以走。

而表弟面前的路，更是少得可怜，没有读大学，失去了找好工作的机会，在部队里也很难得到晋升的机会，又不能啃老。

他没有告诉我那时候他是不是很苦闷，但是以我这么多年的人生经历，我能够想象得到那时他有多么迷茫。

真的就感觉无路可走啊，哪一条好走的路都不向他敞开。

明白了这些，他不再心存侥幸，而是选择了最艰难的那一条路。他去当特种兵，所在的部队是中国最牛的特种兵部队。

原谅我浅薄的知识，没有办法描述特种兵的辛苦，用他的话说，那就是"最舒服的日子永远是昨天"，我真不知道电视上播放的那种特种兵生活是不是就是他们那样的。

表弟并不是很壮的那种体型，反而是像宋仲基那样的秀气型。他在特种兵部队里待了五年，他知道自己没有任何依靠，唯一能依仗的，只能是自己。

于是，他的人生就像开挂了一样，特种部队所有的高危科目他全都进行了一遍，而且一直都是优，优，优，一优到底。

比武拿过很多奖，和国际贩毒集团搏斗过，在对方装备更优良的情况下完胜。他说毒贩是亡命之徒，但他们是头号亡命之徒，更不怕死，所以无敌。

好吧，我想象力实在不够用，唯一能想到的，就是电视上的画面。

那些年他真的太努力，他甚至说，努力得太久了，都有了受虐倾向。

所以，就算没有后台没有钱，那又怎么样，如果你足够优秀，谁也挡不了你的光彩啊。后来他顺利考入特警，现在又成了特警队大队长。

这样的结果，在五年之前，谁能想象到呢？

也许在有些人看来这并没有什么了不起，但一个在最差的环境里，什么资源都没有的年轻人，依靠自己的努力走出了自己所能走的最好的一条路，这还不够让人热血沸腾吗？

他说，别人一步能成功的，他需要走一百步。

他确实多走了很多路，但是没有退缩，一直努力地往前走，最后不是一样到达目的地了吗？

没有人在乎你是怎么到达的，到了就是到了。

所以昨天聊完之后，我之前的想法全部改变了，他不是幸运，他就是选择了最难走的那一条路，然后一直咬牙走下去，所以才走到了今天。

而他愿意跟我讲这些，只是因为他觉得我也很厉害，跟他是一样的人，都是在最艰难的处境里，一步步走到了自己都不敢想象的地方，一步步改变了原有的人生轨迹。

我的故事贩卖过太多次，但是今天我还是忍不住想要再贩卖一次。因为我跟表弟，真的是完全差不多的处境，然后一个武，一个文，在不同的路上跋涉前行，最后又都过上了自己想过的生活。

所以我觉得，真的很有必要把我的故事和他的故事放在一起再重温一次，虽然他比我牛一千倍。

刚才我介绍了表弟那么多的生存环境，既然我们是亲戚，我的又能好到哪儿去？唯一不同的，只是在我12岁时我们家搬到了小镇上，不再种田地而是做生意，与他们家也不过隔了半小时不到的路程。

那时候我没有上大学，因为家里没有多余的钱供我，我在家帮忙做生意，每天都很辛苦，也很迷茫。我不知道自己能做什么，觉得人生会一直这样灰暗下去。

你看，一个没有大学文凭，家里又没有钱，长得又不漂亮，智商情商都很一般，又不是很有胆量的女孩子，能有什么好的出路呢？想找个有钱人结婚都是做梦。

那时候我唯一喜欢的是写作，于是我每天写，写一些自言自语、完全不成章法的东西。

当然没地方发表。那时候我真的很迷茫，书上都说，这条路非常非常难，而事实也告诉我，真的很难很难。

我不止一次想过放弃，但当我看向四周，知道自己根本无路可走时，只好在这条路上继续走下去。

我走得很艰难，也很努力。从家乡的小镇到风景如画的江南，从做生意到打一份仅供糊口的工，无论多忙多累，每天回家的第一件事，都是打开电脑写文章。至于晚饭，随便凑合一下，饿不死就行。

那些年我真的写了很多东西，尝试了各种文体，写过长篇，写过短文，发表过一些文章，更多的是退稿。

可惜的是，我换了很多次电脑，所以之前的很多文章都和岁月一起埋藏了。但是，文章可以没有，努力却历历在目。

记得那些年，我从来没有好好过过周末，我从来没有看过电视，甚至因用眼过度而住了一次院。

现在想来，其实那时我真的走了太多弯路，别人一年就能够达到的高度，我差不多用了五年。

但是走弯路又怎么样呢？比别人多用几年又怎么样呢？重要的是，到最后我走到了自己想到的地方，过上了自己想过的生活。

我知道，我跟成功两个字八竿子打不着，但我依靠自己的努力，过上了自己想过的生活，改变了原来的人生轨迹，不是很值得自豪吗？

我身边的很多人知道我以写作为生，他们的第一反应往往都是：哇，你怎么那么聪明，真是天才。

只有我自己知道，不是的，我其实资质平庸。这所有的一切，不是因为我聪明，而是我自己一步一个脚印走出来的。

回想走过的那些路，有时候，连我自己都会热泪盈眶。

我相信看我文章的有很多人跟我和我的表弟一样，没有啃老的资本，没有好的平台，也非天才。也和曾经的我们一样，一度很迷茫，举目四望，似乎没有一条路可以走。

对于普通的我们来说，能选的路真的很少很少，那些平坦的，那些捷径，那些不费吹灰之力就能通过的路，老天根本不会给我们机会让我们走。而那些灰暗的、邪恶的、丧失底线的路，我们不愿意走，因为我们心中对这个世界还存有善意。

真的无路可走了吗？不是的，还有最难的那一条路，这条路像万里长征，艰险重重，需要我们付出比别人更多的努力和汗水，需要我们抵挡孤独寂寞和一路风雨。而且，还不能保证你一定能到达目的地。

但那又怎样呢？当无路可走时，与其望天长叹，与其怨天尤人，与其停滞不前，不如选择最难走的那一条路。虽然难走，可如果一直往前走，早晚有一天，你会看到希望的光啊。

最难走的那条路，就是没有任何外力可借，完全依靠自己的能力去得到一切。

虽然难，但一无所有的我，愿意踏上征程。

如果你有大才华，就去追求大梦想；如果你觉得自己的能力有限，才华也不够支撑起你的雄心，那就安静下来，扎进小的失败和挫折中，汲取营养；如果不能成为豹子，那就成为一只漂亮高贵的梅花鹿也是好的，起码人见人爱。

CHAPTER 03

你现在的不努力
就是以后要埋的单

不管你现在处在什么样的阶段，
请珍惜当前，不要抱怨，
为梦想的实现而付出努力。
要时刻记住：
东隅已失，桑榆非晚，
任何时候开始努力都不算晚。

一个不努力的人，
别人想拉你一把，
却找不到你的手在哪里。

人生的路，难与易都得走；世间的情，冷与暖总会有。别喊累，没人替你分担；别言苦，没人替你品尝；别脆弱，没人替你坚强。别走得太远，忘记了原路；别想的太多，会失去自我。万事皆心生，心中有，便有；心中无，便静。智慧的人，不徘徊在过去；豁达的人，不忧患于未来；聪明的人，懂得把握现在。

不模糊现在，不恐惧未来

［01］

明天就要考雅思了，可是我到现在连书都没翻过几次；

下个周末就要考注会了，可是我一点都没准备啊，我该怎么办；

后天就要交论文了，可是我连论文题目是什么都不知道；

还有几天就是全公司大考核了，我不甘心在这个没前途的岗位一直待着，可是我什么也不会啊；

命运之神到底是什么样呢？

她有相貌有身材有家世有数不清的宠爱，所有人都把她捧在手心里，高高在上，闪闪发光，是个娇气的小公主。

她家在农村，从小懂事听话，熬夜学习，受了委屈咬牙坚持不肯掉一滴眼泪，拼了命也只换来一个普通人的一生。

对啊，命运就是不公平的。

它拼命给别人送礼物——爱情、才华、天赋。

你一个劲地冲它笑，它反手给你一耳光，打得不过瘾，又是一耳光。

你能怎么办呢？

大哭大闹撒泼打滚对着全世界喊冤枉，可是生活不是判案啊，没有铁面无私的包大人站在你身边替你平反昭雪。

最后还不是只能抹把眼泪，安慰自己，接着笑靥如花走下去？

[02]

有一句话：什么时候努力都不晚。

所以，总有人用这句话安慰自己，今天拖明天，明天拖后天，日复一日，直到拖不下去为止。

可是说实话，你最后才发奋，真的赶得上那些从未放弃、孜孜不倦往前奔跑的人吗？

也不是没可能，天才总是有那么几个的。

一个小伙子和我抱怨，也想努力做一件事，做精细，做透彻，可总坚持不下来，最后落个日复一日蹉跎人生的悲惨结局。

他说自己从小就很聪明，小时候他觉得自己会成为一个不一般的人。

后来长大了，却发现自己的聪明没用对地方。

别人做调研跑市场用了整整一个月才搞定的任务，他用一个星期就完成了。

大学的时候，室友认认真真泡图书馆看专业书，而期末考试他随便瞟几眼居然也能过。

我羡慕地说，那真好啊，余下来的时间你就可以做自己喜欢的事情，真幸福。

可他却回复我，没找到喜欢的东西，多出来的时间也被浪费了，在刷微博看视频的不断转换中悄悄溜走了。

再回首，青春一晃而过，在他的记忆里，什么都没留下。

学校里，专业考试过了，却也是勉勉强强通过，和班上大部分人一样。

公司里，业务技能没有很生疏，却也谈不上熟练。

爱情呢，遇到一个一般的姑娘，说不上多喜欢，也没有很讨厌，结婚还行。

他说，有一天看我的文章，醍醐灌顶，再这样下去，恐怕就应了那句老话：最怕你一生碌碌无为，还安慰自己平凡可贵。

我可是要当英雄的人啊，这是他回复我的最后一句话。

[03]

有时候觉得未来是最好玩的一件东西，如果它是一个软绵绵的面团，最后被捏成什么样子恐怕决定权还是在我们自己手上吧。

一个朋友的朋友，现在创业开公司，带团队，拿到了天使轮。

他出门就是穿金戴银，名表配西装，名车配美女，简直金光闪闪瞎大家的眼。

看上去真的挺好的，可是能有什么用呢？

圈子里的人都知道，他最喜欢的姑娘在他最窘迫的时候离开了他，那年他欠着外债，家里尚有重病老人。

同学聚会的那天，他喝高了，当着全班人的面，扯着那姑娘的衣角，哭着喊着说不要分手，他会努力，可姑娘依旧走了，连个背影都没留下。

现在他功成名就，金光闪闪，却绝口不谈爱情。

[04]

以前在外地打工的时候，租的房子在偏僻得不能再偏僻的犄角旮旯。

我喜欢去楼下的早餐摊子买碗热干面,发工资有钱的时候就多加一碗馄饨,月底没钱的时候就只吃一碗热干面。

早餐摊子的大叔每次都送我一杯豆浆。一开始我以为是送的,大家都有,还傻啦吧唧地说,再来一杯。

有一天突然发现除我之外,其他人都是付钱的,于是恨不得马上找个缝钻进去。

我要给钱,大叔不让,说我总照顾他生意,一小姑娘在外地打工也不容易。

我也只能尴尬地笑笑,偶尔给大叔带点水果什么的,渐渐地就熟了,我也能偶尔去蹭个饭,周末不加班的时候也帮大叔看个摊。

大叔每天早上四点起床,准备早餐的一切事宜,磨个豆浆,炸个油条……忙下来就是一早上,然后等我们这些上班的人起床吃早饭。

大叔中午过后还会去菜市场门口,顶着大太阳推着一个小推车在附近卖菜,直至落日黄昏。

大叔说起这些的时候,笑得异常灿烂,我听着却有点心酸,大叔头上的白发、额前的皱纹告诉我,他本该是颐养天年的岁数啊。

问起原因的时候,大叔只是说,女儿女婿贷款买了房,还差20万,自己想努力帮衬着点,趁自己还干得动,多挣点钱,帮女儿攒着。

那一瞬间我真的不知道该说什么,只能使劲低着头,望着地面。

[05]

以前看过一部电影《万箭穿心》,最开始特讨厌女主人公,尖酸刻薄,为人自私自利。

当看到她老公出轨的时候,我心里暗暗想:这样的女人,恐怕谁和她在一起都会受不了吧?

东窗事发后，女主人公就各种闹，各种耍性子。

最后男主人公跳河自杀，未曾给她留下一言一语。

接下来的故事莫名变得悲情，为了养活儿子读书，她放下了固定工作，拿起了扁担，当上了替人挑货的棒棒。

她自己省吃俭用，在棒棒餐馆只敢点不加肉的素菜，却把挣的钱都交给孩子的奶奶，嘴里一直说着，一定要让儿子小宝吃好，要有营养，荤素搭配。

10年一晃而过，在这10年里，儿子小宝一直不肯原谅她，从未叫过她一声妈。当小宝录取通知书下来的那一天，也是小宝18岁生日。

小宝让她把房子过户到自己名下，并赶她搬出去。

若说起命运，她一天好日子未曾过上，前半生婚姻不顺，后半生疲于奔命，到老了，落个六亲不认的下场。

［06］

大家都说，命运自有它的安排。

可是我想说：只有努力到无能为力，才有资格说听天由命这种话。

出身农村，你不努力学习没考上大学，高中毕业就被嫁出去养猪种地带娃，那怪不得谁。

身在大学，你浑浑噩噩混日子没找到好工作，后半生碌碌无为处境窘迫，那也怪不得谁。

天天嚷嚷着梦想，却从未付出货真价实的行动，最后屠龙梦变成了白日梦，更怪不得谁。

我高中时是留守儿童，一个人守着硕大的空房子，一个人睡觉、上学，顶着42度的高烧去医院打针。

我大学自己挣学费、生活费，偶尔还要给老家的外婆寄钱，熬夜写软文，顶着烈日发传单。

　　说真心话，我不觉得自己摸到了好牌，但是我见过比我还难的。

　　大家的路都不好走，不是只有你受尽委屈。不要等到走投无路的时候才想起努力。

　　愿你不浪费时光，不模糊现在，不恐惧未来，愿你变成更好的自己。

　　不知道自己想做什么，就先把身边的事做好；不知道自己能去哪里，就先走好现在的路；不知道自己会遇到谁，就先学会善待身边的人；迷雾里你或许只能看见眼前的5米，但一步一步将这5米走下来，雾就会慢慢散了。等待和拖延只会夺走你的动力。

溺水的人，要逃出困境，一根稻草也救命一样抓住。你的努力近乎挣扎，你的成就才对得起付出。

创造性的努力，才能使你变得非凡

我的高中同学曹哥，是个悲情英雄。说他英雄，是因为他是我们班最努力的人，没有之一。

曹哥每天早上五点多起床，进教室看书做题。校园沉寂着，一片黑暗，只有一间教室执着地亮着灯光。柔和的日光灯下，曹哥奋笔疾书的身影孤独得像个侠客。课间休息时，曹哥的屁股就像是粘在了座位上，沉浸在题海里的他，绝不会像我们一样谈笑打闹。放学时，他飞快地去食堂打了饭菜，回到教室，边吃饭边看书，好几次险些把饭喂到鼻孔里。下晚自习熄灯后，他也常常在被窝里打着手电看书到深夜。

他在学习上表现出的意志力之坚定和自制力之强大，无不让我等佩服，恨不得跪赞他一声"牛"。可这话我们实在说不出口，谈到他，我们只会替他惋惜长叹。因为，他真的很悲情。

曹哥的悲情就在于他的付出和回报完全不成正比。不是说书山有路勤为径吗？不是说天道酬勤吗？为什么曹哥的成绩始终徘徊在班级的中下游？我们细致地观察过他，试图帮他找出原因。

我们发现，他好读书，不求甚解，课本翻来覆去看了几十遍，记得烂熟，可一些关键的公式和定理他并不理解其内在含义，自然也就谈不上合理运用。他做题很快，平时刷题也很多。一套理综试卷，我们这些正常人一般至少得两小时左右才能做完，他这个变态只需要一小时，但正确率实在是惨不忍睹。

我们好奇地问："曹哥，你就不能慢点做，仔细想想，认真演算吗？"他自信地一笑说："这种题型，我做过很多遍了，看一眼就能出答案。"

我们更纳闷了："那你为什么又做错了呢？"他不好意思地挠了挠头，"这题和我做过的大致相同，但有点变化，我没注意"。

我们好心劝过他，理科重在理解，盲目刷题是不行的，要做一道会一道，弄明白题型，举一反三。

曹哥含混应答"知道了知道了"，转身又投入到茫茫题海之中。

高考后，当得知曹哥只考上一所不知名的三流大学时，我没有意外，但我又有点难过，为他的努力，也为他的瞎忙。

工作后，我又遇到了曹哥式的人。

这样的人，整天犹如打了鸡血一样咋咋呼呼地忙里忙外，你想不注意到他都难。

勇哥早我两年参加工作，我工作之初承蒙他的指点才能尽快入行，我对他很感激。

没多久我就发现，他是公司最勤奋的员工，没有之一。每天第一个来，最后一个走，常常自主加班，工作时间远超过朝九晚五的八小时。

看到他一头扎在格了间里努力工作的样子，我这个后生既佩服又惭愧，同时，我也很纳闷，和他同时工作的刘姐已经升任部门经理了，为什么他这么努力，升职加薪的机会却没有落到他头上呢？

后来，我就开始留意勇哥和刘姐的工作方式，慢慢我就发现了他俩工作方式的不同。

勇哥每天来上班，第一时间就打开电脑，开始处理当天的事务：

一会儿做汇报PPT，隔一阵又收发下邮件，处理下外联事宜；PPT还没做好，又最小化窗口去做其他琐事。

刘姐来上班，会先在便签上记录并规划一下今天需要处理的工作，然后收发邮件，做好上传下达的事宜；

工作任务分派下去后，她会分时段集中处理几件重要的事情，中间不受其他干扰；

临下班前，她会跟进下属职员的工作进度，向上级交付已经完成的事项。

对比两人工作方式的不同，我终于理解了那句话：加班是为工作效率低下的人准备的。

你能说曹哥和勇哥不认真不努力吗？

他们在学习上、在工作上投入了大量的时间和精力，付出了远超旁人的努力，可最终的结果却并不如他们所愿，他们的努力并没有成为他们的救赎，他们终于还是沦为了平庸的大多数。

努力是没有用的吗？

当然不是！我们生而平凡，不用一生来抗争，不拼尽全力去努力，我们靠什么改变命运，靠什么改写人生，靠什么实现逆袭？

那他们的努力错了吗？努力也会错吗？

当然会！我们总是用战术上的努力来掩盖战略上的懒惰，用努力来标榜自己的付出，用努力的表象来为自己的懒惰开脱。

曹哥填鸭式的填充知识、求量不求质的刷题，违背了理科学习重在理解运用的基本规律。选择了效率低下的学习方法，又怎么能在学业上取得长足的进步呢？

勇哥工作时缺乏规划，重心不明确，容易被琐事干扰，分神之下，工作效率自然高不到哪里去。

弱于时间管理，再用加班来弥补，反倒牺牲了休闲时间，打乱了工作与生活的平衡，进一步拉低了工作效率。

当我们努力的方向错了，方法也不对时，我们自欺欺人的努力，不过是在瞎忙而已。

当努力了却没有成效成为一种现象，当浮躁和浅薄成为时下人们的共性，除了给一句"方向错了，方法也不对"的诊断，我们还应该深究现象背后的本质原因。

曾有心理学家将我们的学习提升划分为三个区域：舒适区、学习区和恐慌区。

舒适区是我们业已习得的知识技能，学习区是我们努力跳起来才够得着的高挂枝头的苹果，恐慌区是我们目前遥远的仰望和未来美好的愿景。

长期待在舒适区，不过是在日复一日地重复过去的自己。勇敢跳出舒适区，涉足学习区，才有提升自己的可能。

曹哥难道不知道多思考比多做题更重要吗？勇哥难道不知道合理规划工作、管理好时间能够让自己工作得更高效吗？

他们知道，但他们不愿意改。因为他们习惯了，习惯了如此低效地学习和工作。

习惯具备惯性的推动力，你毫不费力就可以被习惯驱使着行进。曹哥习惯了飞快地刷题，勇哥习惯了多线程混杂着处理工作，这种种习惯就是他们的舒适区。

待在舒适区里努力，可以营造一种我很努力的假象，也能给予自己关于平庸现状莫大的心理安慰。只是，故步自封于舒适区，自我提升就成为一种奢望。

所以，刷了那么多题，曹哥会做的题目并没有因此变得更多；勇哥工作了好几年，会做的事也没有多出我这个新手许多。

毕竟，重复性的努力，只能让你更加熟练；创造性的努力，才能使你变得非凡。

曹哥和勇哥想必也明白自己的症结所在，他们为什么没有试图改变呢？因为在学习区努力，实在是太难、太别扭了，一点也不舒服，那就好像是拿着一把刻刀，一下一下地雕琢自己，修枝去叶，去芜存菁，臻于至善。

可以迷茫，请不要虚度。迷茫彷徨的时刻，请停下来，想想下一步该怎么走。其实，健身和读书，是世界上成本最低的升值方式。最能让人感到快乐的事，莫过于经过一番努力后，所有东西正慢慢变成你想要的样子！

斗过，拼过，尝过人生的许多艰辛；走过，经过，有过生活的好多辛酸。人生路上我们孜孜不倦，尽力拼搏；生活途中我们勤勤恳恳，努力追寻。只是梦依旧，事依然，辉煌没有铺满心中，甜蜜没有充满胸中。也许人生就是这样，生活既有温馨，也有苦痛。但不管怎样，我们无愧于岁月，无愧于自己的人生。

没有什么雪中送炭，
这个世界只有锦上添花

[01]

"同学会是这个世界上最恶心的发明。"

前天晚上，一个大学学弟在朋友圈发了这句话。然后他发微信给我，问我能聊聊吗，再不找个人聊聊他要气到爆炸了。

上周他参加了高中同学会。他是班上的学习委员，理科学霸，人缘极好。这次同学会，他是抱着特别期待的心情去的，本以为可以和曾经关系很好的同学好好缅怀一下热血的青春，顺便打听一下有什么好的工作机会——他所在的杂志社快要倒闭了，想问问老同学有什么门路。没想到，大家听说他现在只是一个将死杂志社的小编辑，象征性地跟他喝了杯酒，就转而去巴结当晚人气最高的同学了，那个高中时代毫无存在感、成绩平平、长相平平的眼镜男。

因为他29岁，已经是律师事务所的合伙人。

就连班上混得很不错的创业公司老板啊、总裁特助啊，都跟律师同学称兄道弟，咨询法律问题，讨论以后可能有的合作，好像当初他们有多熟似的。

学弟很愤慨：这个社会太功利了。以前这帮人，想借他的笔记，想抄他的卷子，一个个跟孙子似的。如今在他面前全成了大爷。以前连屁都不敢放一个的眼镜男，倒成了抢手货。还有比这些人的功利嘴脸更恶心的吗？

[02]

一年前，我会非常同意他的说法。

那时候我写的剧本被圈中大腕看了，很欣赏，评价是"惊艳"，他们公司决定投资几千万元力捧这个剧本，并且保证可以上湖南卫视，档期都定了。

然后围绕这个剧本开始选演员、拍样片，在圈内一定程度上也传开了。

那段时间，每天都有各路人马辗转找到我，有投资商说让我给他们也写个剧本，条件随便开，去海南租个别墅写都行，想去马尔代夫度假也行；有大影视公司的部门负责人提出想给我开个工作室，地址都帮我选好了，豪宅啊，太感人了；一个土豪以前做房地产，想转投影视行业，每天请我喝早茶，跟我聊她传奇的一生，然后说要给我投2000万元帮我开个公司，我被她的热情吓呆了。

我感觉怎么这么多"小伙伴""好朋友"同时上线了啊。

然后没过多久，因为各种原因，我的剧本上不了湖南卫视了。

小伙伴们一听说这事，几天之内就迅速下线了。再也不约我喝茶，再也不跟我谈理想谈人生，再也不跟我规划未来了，仿佛从没认识过我一样，仿佛之前的一切都是空中楼阁一样。

当时那个影视公司的人，跟我见面的时候一直吐槽圈内某个编剧，骂他是傻帽，写了一部电影之后就觉得自己了不起了，之后的作品一部比一部烂。但是在朋友圈，那个他所谓的傻帽编剧发的每一条信息，他都会第一时间冲上去点赞。

"傻帽编剧"今年又有一部作品火了，他专门发了一条朋友圈盛赞这个作品，夸这个编剧太牛了！

能势利到这个程度，也是一种境界。

我也想过，他真的忘了对我贬损过这个编剧吗？他没发现我们在共同的朋友圈吗？其实更大的可能是，他根本就不会在乎我怎么看。

比起一个当红编剧，谁还在乎另一个坐冷板凳的编剧的心情啊。

[03]

事实就是这么残酷。

社会就是这么现实。

然而有一天我突然想通了。

功利不好吗？

功利的背后，不就是告诉我们真正的游戏规则吗？

要么你超越这些，忠于自己，不在乎别人。

如果你在乎，你想获得尊重和赞美，很简单，你先变得强大啊。

当初他们对我各种示好，不是因为我牛，而是因为湖南卫视牛。

当我跟湖南卫视失去关联了，我就什么都不是了。

如果有朝一日，我不用靠攀附湖南卫视获得了认可，说明我才是真的牛了。这不是一件很鼓舞人心的事吗？

这个圈子看起来很浮躁很现实，可是规则极其透明，什么都不看，就看你的作品。

不管你是导演、演员还是编剧，凭作品说话。

你拍的是电视，凭收视率说话。

你拍的是电影，凭票房说话。

你要是不屑于商业，那好，用奖项说话。

一想到规则这么透明，我就非常安心。

更重要的是，功利的背后，它承认的是你的努力。

没有任何收视率、任何票房、任何奖项是单靠投机就能获得的。

《煎饼侠》这么火，圈内赞叹声一片。可是别忘了，大鹏是出了名的拼命三郎。他曾经被领导骂"卖盒饭都没资格"；为了请段子手给他写网络剧，他买机票去全国各地的段子手家里，就差给他们下跪了。

《夏洛特烦恼》这么火，男女主角人气爆棚。可是别忘了，马丽因为名气不够大，长得不够美，当初都不让她演。她是凭自己万般努力，才证明自己最适合这个角色的。

而那个所谓的"傻帽编剧"我认识，大家只记得他的风光，而忽略了他就是个在大巴上都能写剧本、发烧了都能继续写剧本的死变态。

想通了这些，我再也不会抱怨这个圈子现实、这个社会功利。

[04]

当别人对我满不在乎的时候，说明我的专业水平还太低，我会乖乖去钻研自己的业务，提高技术，再努力一百倍。

当别人对我友善了一些，我应该庆幸，我居然有利用价值了，说明我进步了呀。这不是一件很美好的事吗？

你没发现吗？所有行业不都这样吗？

当你不够强大的时候，你想要一个小小的机会都没有。

当你足够牛的时候，你的面前有一万个机会，你挡都挡不住。

当你足够优秀的时候，你想要的一切都会主动来找你。

好处是什么？你不需要有什么杂念，也不需要要花时间去抱怨。

找到你喜欢并擅长的事，尽最大努力把它做好，机会自然就会砸过来。

有句很流行的话是：今天你对我爱答不理，明天我让你高攀不起。后面这句完全是假想，我们必须要知道的是：要让人家高攀不起，我们需要付出多少倍的努力！

[05]

回到文章最开始的故事。

我问学弟，能告诉我你最努力的是什么时候吗？

他说就是高中，那时候他非常勤奋，非常好强，家里也管得很严，所以他学习很拼，成绩很好。上了大学，感觉没人管了，大半时间用来打电子游戏、谈恋爱去了，毕业了也是随便找个工作，图个安逸。

我说对呀，以前的同学对你好的时候，恰恰是你最努力的时候，你这些年混吃等死，凭什么想赢得他们的尊重呢？凭什么还指望人家给你提供工作机会？而反观你的那个眼镜男同学，从他的角度看，不是非常励志的逆袭故事吗？高中的时候成绩平平，大家假装看不见他，他能拿到律师执照，能奋斗到律师事务所合伙人的地步，这里面有多少艰辛，傻子都能想象得到呀。所以人家凭什么不能被巴结呢？凭什么不能得到更多合作机会，得到更大发展呢？

说明这个社会很公平呀。

我们不要指望别人拉你一把，人家又不是你爹你妈，凭什么要帮你啊。

这个世界就是"马太效应"（指强者愈强、弱者愈弱的现象），你越牛，机会越多。

没有什么雪中送炭，这个世界只有锦上添花。你想要锦上添花，你得先变成锦。

趁你现在还有时间，尽你自己最大的努力。努力做好你最想做的那件事，成为你最想成为的那种人，过着你最想过的那种生活。也许我们始终都只是一个小人物，但这并不妨碍我们选择用什么样的方式活下去，这个世界永远比你想的要更精彩。

坚持下去，有时候并不是我们真的足够坚强，而是我们别无选择。并不是我们喜欢一件事情就可以把它做好，而是我们在做的时候，学会了喜欢它。我们没有别的，只有热血、辛劳、眼泪和汗水可以奉献。这些都是我们最宝贵的财富。请记住：永远都不要放弃你自己。

每个奋斗的地方，都不相信眼泪

上次我见到小菁时，她已经把眼睛都哭肿了。毕业季，跟相处四年的男友分手，学校宿舍到期，在北京无家可归，她拖着沉重的箱子，和室友一起在学校门口找了一间一天一百块钱的宾馆，暂住了下来。房间里太小无法落脚，床上堆满了东西。

父母让她回家找工作，她说，再等一年吧，考不上我就回去。她说，大城市决定了她的眼界，她不愿这么平平淡淡度过一生。于是，她雄心壮志地开始找工作，可第一天就碰壁，被拒绝好几次后，终于有一家公司想要她：实习工资三千，没有五险一金，没有户口，早上八点到下午五点，可能会加班。

她算了算自己的房租，一个月少说也要三千五，自己还要吃饭，就算吃最便宜的一个月也要两千，打车五百，社交五百……算到这里，人已经崩溃，这样的生活，究竟何时是个头。

这些天，她跟老师告别，跟同学说再见，甚至她去了前男友宿舍楼下，让他下来跟自己穿着学士服照相，她哭着跟他说："哇！我们以后要形如路人啦！永别了！"一路都在哭，每晚都在喝，她说，只有毕业时，才发现大学四年是这么美好，未来是这么迷茫。

她坐在我面前，哭得满脸妆泥，说舍不得，我在一旁，不说话，只是笑着。她说：龙哥啊，你笑什么啊，你哪里能体会到我们这种分别的痛和对未来的迷茫，你哪里知道我们这些一无所有的姑娘深夜痛哭的感受？我喝完杯中的酒，跟她说：其实我都知道，也都经历过。只是，我比你更明白一些道理。

她说：什么道理。

我说：深夜没哭过的人，不足以谈人生。不过，总在深夜里哭的人，更过不好这一生。

毕业后，你会发现很多东西都不公平，凭什么她能找到好工作？凭什么他能外派？凭什么她有个好爸爸？可是，每个人最公平的，就是一天都只有24小时，除去无法控制的朝九晚五，剩下的闲暇时间，才最能区分每个人。与其多愁善感地活，还不如乐观积极地面对每一天。

我想起刚开始在北京打拼时，喜欢晚上挂着耳机听民谣，音乐响起时，旋律缓慢，孤独感钻心，眼泪唰唰地掉。

尤其是在夜晚，我住在出租房的隔断间，总是拿出手机，想打给谁，可翻遍了电话簿，却不知找谁发泄；也会经常刷着网页，无所事事，反而更加孤独。

而白天，我都在孤独地备课和帮别人写剧本，靠这些为生。孤身在远方，还在为五斗米折腰，这时如果父母再打个电话，定会哭得稀里哗啦说自己不容易，说自己想家。

其实每个人都一样，都有过深夜痛哭的经历。可是，既然选择远方，就要风雨兼程，每个人都要学会独自长大。人最怕的不是困难，而是还未成大事时，无尽的自怜。

自怜比自恋更可怕。一个人总认为自己不容易，并且不停地放大这种感受时，他注定是个无所成就的悲情主义者，而这种人，往往一无是处，自以为努力，其实只是感动了自己。

大城市不相信眼泪，其实，每个奋斗的地方都不相信眼泪，他们只看你的成就。

你可以在深夜哭，但一定要学会哭着奔跑，而不是蹲在地上，哭到情深处不能自拔。

记得一次过年，因为工作太忙，我没有回家。听到外面的鞭炮声此起彼伏，我回到出租的房间，空空的房间，孤单的自己，我把音乐开到最大，忽然难过了起来，想跟家里打个电话。

我含情脉脉地听到了父亲的声音，我喊了一声：爸！没想到爸爸说了一句话：有事儿吗？有事儿忙自己的去，没事儿回来再说，爸爸和妈妈在散步呢……我的矫情感顿时抛向九霄云外。

诗人拜伦曾经说过：未哭过长夜的人，不足以语人生。

虽是如此，但我逐渐明白，总在黑夜里哭，生活在眼泪里的人，终究也无法用乐观的节奏过好这一生。后来，我忘记了矫情，而把目光盯着自己的目标，慢慢地学会了和时间赛跑。我的生活节奏很快，每天写计划然后第二天完成。忙碌起来的人，永远没时间专心哭泣，他们会边哭边跑，但不停下来。

那段日子，每天回到家都筋疲力尽，于是打开书翻看几页，安静地阅读，或者看一部电影，让自己融入剧情中。我开始学会去记读书笔记、写电影影评，这一写，就写了一个硬盘。我开始听五月天的歌，他们的歌曲能给我力量，能让我坚强地奔跑，能为我擦去眼泪，为我疗伤。

每天忙碌的生活，让我每天都在进步，每天都跟打了鸡血一样，奔波在这座高速运转的城市的每一个角落，没有时间去流眼泪。最重要的是，这样的奋斗让我每天都能变得更好一点，当能看到曙光时，当有点成就时，也就不再需要流泪。

记得有一次回家的路上，路灯照在我身上、脚下，我看到一个熟悉而孤单的影子。这不是我自己吗？他怎么这么可怜……

那一刻，我所有的动力，都想变成眼泪大哭一场。可我没有，我立刻加快脚步，回到家，打开电脑，赶紧完成今天最后的工作。等结束后，疲惫已经钻进了骨头缝里，关上灯，很快我就睡了。

想起之前在床上辗转反侧的日子，忽然明白，其实只是闲得而已。第二天起来，又满血复活。其实所有的抑郁、难过、愤怒、流泪归根到底都是对自己不满，都是才华配不上梦想。既然如此，哭又能有什么用呢？只有奔跑，才能止住眼泪。

我把这段故事讲给小菁听，她笑了，跟我说：龙哥，你是不是觉得我天天哭特别傻，我还能怎么做呢？我说：哭完记得跑起来就好。她忽然笑了，说：你别说，当我想到接下来的目标时，似乎就不那么难过了，反而多了一些动力。我要准备一边考研一边工作了。

我没说话，想起我的老师曾经跟我说的一句话：每个成功的人，一定都会被别人问一个问题：你有过深夜痛哭吗？你发现了吗？那个时候，你的眼泪才有意义。

这个世界有时候很残忍，只有参天大树上的疤痕才会被人留意，小草的伤痛，只会被人忽略，没人看得见。

所以，想哭的时候，去奔跑吧，你会发现，跑起来的人，连哭的时候都那么迷人。

我们可以平凡，但是不能没有梦想，人生就是一场盛大的遇见，每一段经历注定珍贵。我们用眼泪冲刷生活的酸楚，有些东西有没有，只是时间问题。当懂得活着的意义时，人生已经过半。

人要看重自己，寻找方法来定义自己的价值，不要让别人来界定你的价值，因为你自己就可以创造自我的价值。人要相信自己，勇于创造属于自己的机会和幸福，不要因别人的否定而丧失自信，并不是人人都能成为圣人或者伟人。生命的意义不在于活得长、活得久，而是在于活得精彩、活得充实、活得有价值。

每一段路程都有其意想不到的价值

小时候，我常溜进小区旁边的体校里玩耍。放学后的大半天时间，有好几个方阵的学生在那里训练。无论是寒冬还是酷暑，上来就20圈热身运动的是田径队；杠铃举到鬼哭狼嚎，俯卧撑做到痛哭流涕的是举重队；我最喜欢看的是跆拳道实战，每次都躲在厚厚的绿垫子旁看她们训练。

那是暑假里的集训，十几个女孩子在教练的号令下分成两队自由对打。突然，教练对着一个懒散的梳着羊角辫的女生暴跳如雷，女生也吓了一跳，不好意思地低下了头，但动作依旧没有达标。

教练迅速让其他队员站成一排，和羊角辫轮番对打起来。我看着她像一只慌乱的小兔子，忙不迭地躲避着对手毫不留情的袭击。刚到第三局，她就被一个下劈掀翻在地，抹着流血的嘴唇嘤嘤地哭了起来。

教练示意继续，下一个对手便又虎视眈眈地站到了女生的对面。

来不及擦一把泪水，小女孩儿又披挂上阵了，这一次，她被踹倒在地，好半天也起不来。

她痛苦地蜷缩着身体，整个人扭曲成一团，嘴里发出呜呜的哀号。我躲在暗处，吓得连大气都不敢出，一颗心悬在半空。忽然觉得喉咙像是被什么东西哽住，撕心裂肺地疼。

教练几步走上去，检查了一下，便一把把她薅起。让下一个学员继续上场。小女孩儿像疯了一样毫无节奏地乱踢乱抓，我看着她像一只孤军奋战的小鹿，梗着脖子求一条生路。教练的眼里满是冷漠，一努嘴，学员便心领神会地冲了上去。

我眼见她一次次倒地又爬起，汗水混合着泪水怎么抹也抹不干净。终于有一次踢到了对方的脸上，教练做了个拍手的姿势以示鼓励。小女孩儿愣了一下，咬着牙又冲了上去。

这一局她赢了，今天的训练也结束了。

大家互相鞠躬拍手，感谢教练和队友，然后小女孩儿脱下了身上的护具，一瘸一拐地走到了角落深处。我亲眼看见她把头扎进手臂里痛哭，整个身体剧烈地颤抖起伏，却把号啕死死地锁在喉咙中。我好想走过去抱紧她，告诉她她不孤独，还有一个陌生的我在另一个角落里陪着她抹眼泪。可我终究没有唐突，眼见日薄西山，只好咬着嘴唇黯然离开。

等我在拐角处最后回望，筋疲力尽的她也终于拎着头发爬起身来，步伐沉重地往楼群走去。

我们的人生有多少这样的困境啊，看得见或者看不见的对手如潮水般涌来，打到我们没有力气招架，可是心里总有那么一个声音告诉自己：别趴下，别趴下。

几年后，我故地重游，体校教学楼的外立面正在翻修，操场上暴土扬尘，一片狼藉。几台健身器材堆在大门口，锈迹斑斑。我忽然看到院墙外面的宣传栏里新贴着几张巨幅海报，其中一个女生身穿道服，笑靥如花地咬着一块亮闪闪的金牌。我恍然大悟，原来这就是那个在角落里痛哭的小女孩儿。

她的眉眼如昔，可纤弱中带着一股不服输的倔强和坚强。还有什么比这个更激动人心的呢？我想起了家里老人常说的那句话：这世间的苦，你不会白受。

从去年春天开始，我下定决心要健身。因为连续加班熬夜，出差开会，我深深地感到机体免疫力在下降，头经常会莫名地疼起来，疲惫感不断涌起，还有恼人的溃疡三不五时就会从嘴里拱出来。

我打定主意，为了自己为了家人，这次说什么也要坚持下来。白天的时间太有限，思前想后我选择了夜跑。考虑到距离和安全，我决定先在小区的甬道上练习。每到夜幕四合，我安顿好家里的一切，就换上跑鞋和运动服一边给自己打气，一边做准备活动。小区的南面是一大片儿童乐园，里面人头攒动，非常热闹。我大口喘着粗气和散步的老人们擦身而过。

初春的风有一丝清凉，我调整了呼吸，越跑越觉得舒畅。我慢慢地远离了人群，往北面的灌木丛冲去。在拐角处，突然有一个人影在跳动，吓了我一大跳。

我们都在昏暗中站定了几秒，谨慎地打量了一下对方。他先打破了沉默，怯生生地说："对不起，我在这里练习颠球。"我这才发现，灌木丛后面有一小块空地，正好不被打扰。我也忙自报家门："没事，你练吧，我夜跑的。"

我隐约觉得他点头的时候笑了笑，但也许并没有。总之，短暂的交流后，我们又各自开始了自己的项目。从那天起，每次夜跑，我都能看到身形瘦弱的他，躲在灌木丛的后面悄无声息地练习，风雨无阻。练着练着，我们似乎成了并肩作战的友军，身后的喧嚣譬如朝露，只有我们两个在暗夜里互相呼应、鼓励着。

到了深秋，有好几场大雨，老公说什么也不让我出来了。我站在卧室的飘窗下，看着淅淅沥沥的雨滴穿梭在天地间，不知为什么想起了灌木丛中那个倔强的身影。不到半年，他的技法已经非常娴熟了，即使是匆匆而过，也能感觉得到击球的声音不再断断续续，球也极少有失控滚出草丛的时候。

而我呢，跑过了春夏秋三季，流了无数的汗，也叫过苦喊过累，赌气要放弃，可想到不远处还有一个小小的不屈的身影拼搏着，便又有了一种我道不孤的自豪感。8个月的夜跑外加半年的艾扬格瑜伽，我不再气短胸闷、力不从心了，更难得的是还成功减去了10斤赘肉。

最初的那颗火种已经是星星之火可以燎原。当你成功地坚持了一件事，就像是发现了一条隐秘的小径，让你穿过无聊的现实、荒草和雾霭，来到了一个开满鲜花的庭院。坚持这件事最有益的指导是，它让你在奋斗的过程中充分地了解了自己，掌握了控制自己脾气与惰性的那把钥匙。它让你知道自己什么时候要减速，什么时候要冲刺，什么时候最难受，什么时候想放弃，然后知己知彼所向披靡。

除了坚持夜跑，我又开始学习英语。我像个卧底，日日夜夜隐秘地生长。虽然我的工作暂时涉及不到外文，但我下载了单词APP，每天强制自己背30个单词，不背就无限提醒死循环。每天上班和下班的路上，一定是挂着耳机，一般都锁死一篇文章力争听到每一句话都明白，所以常常是两个月了我还在听同一篇。我在网上找到了一位专门教口语又物美价廉的菲律宾老师，和她商定每天聊天一小时。刚开始的时候，我听不懂长句子，只能从天气和爱好聊起。而且我的词汇量也撑不起60分钟的课堂，所以每次上课前我都必须先查字典抄美文，准备出长长的几段英文来扩充发言的时间。慢慢地，我开始有能力和老师展开辩论了，又过了一阵，我发现一个小时实在太短暂了。这期间我也曾沮丧过、失望过，想过放弃。但老师鼓励我学语言从来就不是一蹴而就的，语言就像流水一样不断变化，不要给自己太大压力，只要每天上课练习，享受学习就可以了。因为时间看得见，你把它种在哪里，哪里就有收获。

我们很难说这一段坚持能改变多少我们的命运，但可以肯定的是，每一段经历都是难能可贵的礼物，每一次努力都有着讳莫如深的意义。如果那一年，角落姑娘没有坚持下来，做了赛场的逃兵，就不会有后面重绽笑颜的获奖照片。如果那时我任由身体肥胖，体质下降，也许到现在还是一个病恹恹的亚健康状态。还有那个灌木丛里埋头苦练的小男孩儿，虽然我不知道他为了什么，可我肯定的是，他吃的苦受的累，都会变成有益的养分。

2015年10月，单位选派人员去洛杉矶考察。本来与英语没有交集的我因为口语流利意外杀出了重围。在我刚开始学英语的时候，办公室的人都笑我又和工作无关又浪费时间，还不如追追韩剧，放松下心态。当时的我，并不知道学英语对我以后的人生有何意义，就像在走一条漆黑又漫长的隧道，停下来就只能永远待在原地，往前走走也许就会找到出口。

人们都说命运诡谲，沧海桑田。可我总觉得有一些东西是恒定的真理。那些吃过的苦、受过的累都是他日成就自己的依靠和积淀。世上没有免费的午餐，这话很对，每一个东西都有隐含的价码，得到也意味着失去。同样，每一段艰辛的路程都有其意想不到的价值，付出必伴着收获。

有苦有乐的人生是充实的，有成有败的人生是合理的，有得有失的人生是公平的，人生坎坷不平才有价值。坎坷的路上，虽然艰辛，但拥有一颗恒心，梦想总会开花。暂时的失败并不代表什么，重要的是你要拥有一颗平常心，微笑地对待。

创造自己的命运并不是可怕的事情。无论你选择做或不做，坚持完成或中途放弃，毅然守护或断然放弃，甘愿接受或选择逃避，你的行为都决定了命运的走向，决定人生要以何种形式呈现。所以，你所做的每一件事，都正在拼绘成自己选择的命运，也关系着未来的走向。

你的标签可不是你的全部

许多成熟的HR（人力资源管理人员）会第一眼排除掉学生味很浓的应聘者。

为什么？因为一个人如果不擅长撕掉内心标签，那他一辈子也就这样了。

[01]

读研时，有一位大我们一届的李师兄非常受导师青睐，因为他有一次爆发考上了某名校的研究生，很多人把他当偶像崇拜。

可是我却非常不喜欢他。

同学之间我们往往都不叫对方名字，总喜欢把别人的姓前面加上"小""老"之类的前缀，例如小周、小马、老刘等，这样显得亲切。

我们李师兄也就和我同岁，有一天我见到他，寻思叫老李吧，显得太老，不如就小李吧，毕竟和我同岁嘛。

谁知道"小李"这两个字才一出口,这位偶像立马就怒了,他愤怒地质问我:"你知道我是谁吗?我可是××学校的研究生,我导师是××,你居然叫我小李?"

我连忙改口,不断地叫他李师兄,然后他臭抹布一样的脸才渐渐没了怒气。

当晚,许多同学都责怪我没有礼貌,导师也半开玩笑地说了我。

原来,身份这个标签是多么伟大啊!

[02]

一转眼7年过去了,在一次同学聚会中我又见到了这位李师兄。

研究生毕业5年了,大家都有了自己的事业——有的已经是小老板,有的在仕途上已经略有起色,更多的人则是在大学任教。

大家都问李师兄在哪里高就,李师兄笑而不语。

有知情人附耳告诉我:他眼高手低,在北京跳槽了几家单位后,现在昆明找工作呢!

过了一会儿到了敬酒环节,李师兄醉醺醺地拿起一瓶白酒走到我面前。

"周老师,好久没见你了,今天你不把这瓶酒吹了就太不给面子了,是吧!"

我从不饮白酒,所以我打算用啤酒代替,旁边的同学也提醒他说我身体不好。

"哪那么多废话,不给面子是吗?"李师兄不依不饶。

中国劝酒文化的背后就是一种控制,领导用这种方式测试下属的忠诚度。

在信任已经完全破碎的现代社会,人们也用劝酒这种方式来维持交际，潜台词是——你是否愿意牺牲自己的身体来维护这份关系。

对于这种连工作都没有的所谓的师兄，于情于理我都没有必要伤害自己的身体，我拒绝饮酒，转身离开。

[03]

"你小子给脸不要脸，你以为你是谁？我可是××大学毕业，××名师是我导师，你算个什么东西？"

听到这话我笑了，毕业这5年来，我可是十分努力的，有很多电视台嘉宾、政府顾问、学会常委、杂志编委之类的头衔。尤其成为网文手的这段时间，不少名人也是我的朋友。

但我一个身份都没用，我很郑重地回答他。

"我就是剑圣喵大师，行了吧！也许你会笑，但一个5年来还在以名牌大学毕业生自居，并没有升级成职场新贵的炒冷饭大神，我为他感到悲哀！"

听完这话，他更加愤怒了，污言秽语都开始向我骂来。

但这一次不同的是，同学们纷纷离场，并没有像7年前一样指责我，不少人甚至公开表示支持我。

人在伤害别人时，总喜欢打着爱或者友情的旗号。

但我不是别人的附属品，我不会被别人贴标签，更何况是被一个5年来从来没有改过标签的人贴标签。

[04]

心理学家们做过一个实验，他们把智力相等的中学生分成两组，两组分别挑战不同的内容，共有三关，一关比一关难。

第一关很简单，大家轻松完成。研究者夸第一组学生很厉害，他们是天才。而另一组，研究者只是不断鞭策他们要努力。

到了第二关的时候，那些顶着天才身份的学生开始犯难，最终他们硬着头皮完成测试，但是平均用时已经高于第二组。

到了第三关的时候，"天才们"纷纷放弃了测试，他们告诉研究人员，他们状态不好，时间不够。其实他们知道自己不是天才，但为了保住这个身份，放弃挑战无疑是最佳选择。

第二组的同学却付出了更多的努力去挑战测试，他们不少人完成了测验，并没有人觉得自己是天才。

实验告诉我们，当身份的价值高过自身的实力的时候，一个人就会为了保住身份而犹豫不决，最终故步自封，实力沦为三流。

生活里这样的例子太多，贵族骑士、王牌部队往往不敌草莽英雄也是这个道理。

身份和标签这种东西绝对是有用的，一个学者要不顶着"教授"的头衔，可能很难有学校请他去做讲座。标签同时也是一个人社交的重要保证，因为相同标签的人往往聚在一起。

但一个人过于依赖标签的话，就会变得浮夸，当离开诸如名校、名企这种大平台时，很可能会变得一无是处，最后只能大跌跟头。

[05]

这个世界上有太多的人不专注于自己的本质，而是在身份后面躲一辈子。这种被身份标签驱动的做事风格，永远都是一个人内心的毒瘤。

听了上千场讲座后，我总结出一个道理。那些喜欢在讲课开始前就大肆渲染自己身份，几页PPT都放不下他头衔的，你可以提前离场了。因为他一定通篇废话，纯粹在浪费你的时间。

讲得好的学术大家，往往都不爱渲染自己的身份和经历。

很多作者都爱问我：多少粉丝可以成为签约作者？多少阅读量可以微博加V？怎么样才可以快速出书？

对于这样的作者我往往都不看好，因为他一旦获得了签约作者或者微博大V的身份后写作就开始疲软，反而不停地到处吹嘘自己。书出版后即便销量惨淡他也不在乎，他甚至从此封笔，因为他只是要作家这个头衔而已。

我发现凡是籍籍无名的某某家，头衔前面必要冠以"著名"二字；真正有名的人，只要提名字就能如雷贯耳。

我身边有太多的人，他们不明白用不上的人脉只不过是一堆烂头像，所谓的牺牲不过是安慰平庸的高尚借口。当然，最愚蠢的还是为了头衔而忙碌，为了标签而痛苦。

[06]

毕业5年，我的身份从研究生转为大学老师，今天又转为网红。当我同时具有这两个身份的时候，我发现我的眼界变得开阔了。

在这两个截然不同的圈子里，我发现我的高校教师朋友们稳重但是狭隘，我的网红朋友们努力却又浮躁，而我是最幸运的，我可以在两个身份之间取长补短。

但无论大学老师还是网红，都不会是我最后的归宿，我的每一天都不要重复地活着。即便我是大海的一滴水，我也要是最与众不同的那一滴。

我想起了一个人——人气美剧《冰与火之歌》里的龙母。

她的全部头衔是：风暴降生，龙石岛公主，不焚者，龙之母，弥林女王，阿斯塔波的解放者，安达尔人、罗伊拿人和先民的女王，七国统治者暨全境守护者，大草原上多斯拉克人的卡丽熙，打碎镣铐之人。

她的头衔虽然长而且有喜感，但是她的这些头衔都是经历了无数的磨难才换来的，每一个头衔都是一段不平凡的历史。她跟某些成功学大师有着本质的不同，因为狮子行千里依旧食肉，屎壳郎行百里却只能吃屎。

　　当你像龙母一样能够找到自己的人生方向时，请不断开拓你的新身份。

　　终有一天，在你众多的标签里会浮现出你的终极定义——那就是你的名字。

　　每个人都会有技不如人、寄人篱下的时候，不要自惭，也不必自卑，我们都是凡人，夹杂在人流中，过的是平凡的生活。当被别人忽略、笑话、非议、陷害的时候，只要内心不乱，外界就很难改变你什么。不要艳羡他人，谁都有苦痛；不要输掉自己，振作比一切都强。

生活教会了我们很多大道理，随着自己的成长，只要努力把想做的每件事尽量做得完满，不管开心抑或悲伤，相信经历的一切都能练就你强大的内心。将痛苦和悲伤消化掉，你才能成为自己想成为的那种人。

物质生活再好，
精神生活跟不上也是白搭

所有人都在叫嚣着你只是看起来很努力，所有人都在声嘶力竭地吼着生活不止眼前的苟且，所有人都在极力寻求一种想要的生活，于是在这条路上艰难前行。

那么，我们为什么要努力呢？

[一浪更比一浪强，别被后浪拍在沙滩上]

长江后浪推前浪，一浪更比一浪强。竞争社会，拼的就是谁更有能力，谁更能在社会中立得一席之地。物竞天择适者生存，你不争不抢不去努力，结果只能是在原地打转，于是乎只能高高仰望别人的光芒。我们都听过这么一段话：这个世界上最可怕的不是有人比你优秀，而是比你优秀的人依然还在努力。那么现在的你为什么还不去奋斗？从来不怕大器晚成，怕的是一生平庸。

[我怕未来连病都不敢生，连梦都不舍得醒]

有钱不是万能的，没钱却是万万不能的。也许你会说"钱算什么，都太肤浅"，甚至背地里痛骂那些"宁愿坐在宝马里哭，也不坐在自行车上笑"的女人虚荣。可是你知道吗，你没钱也许不可怕，你不努力不知进取才可怕。

你想象一下未来的吃穿住，再加上可能的生病、意外，你难道不怕未来生病了却不敢去医院怕花钱？你就不怕万一你真的需要做手术，光是手术费就要把你逼得无路可走吗？每天新闻上有多少穷苦人家的父母，因为自己的孩子生病却没钱医治，只能拼命赚钱或者乞讨，或者严重到想卖血卖肾，这都是被生活所逼被钱所逼啊。

有时候面对着苍白的现实，眼里全是痛苦，于是宁愿躲在无人的黑夜，躲在美好的梦里，怕一觉醒来一切又回到痛苦中，你又要面对这一切苦难。这样的生活这样的无助，是你想要的未来吗？

[怕酒杯碰在一起全是破碎的梦]

多年后，几个老友聚在一起喝酒畅谈，酒后讨论起各自多年的梦想，各自唏嘘各自凝噎。酒杯碰在一起，是破碎的梦；酒杯摔到地上，是破碎的痛。

你想起你当年的梦想，想起你曾激昂的愿望，想起你曾在华灯初上的夜晚对着寂寥的空气吼着你要进五百强、你要成为一个优秀的律师、你要在娱乐圈风生水起，你要……

可是一切真的只是梦和想，你没有去努力没有去奋斗，没有把梦想实现，日后提起，全是惆怅。这样的未来，是你想要的吗？

［怕让父母失望，怕让自己后悔］

最近大火的一句话不外乎"你还年轻，怕什么来不及"。是啊，我们还年轻，怕什么来不及，可是亲爱的，我们是怕父母等不及，等不到看到我们成才的那一天，等不到为我们自豪的那一天，等不到我们为他们撑起一片天的那一天。

小时候我们渴望长大，像大人一样可以决定自己的生活，可是后来当我们真的长大了，我们却发现成人的世界和我们想的不一样，而且紧跟着我们的成长随之而来的是对现实的无奈。我们开始意识到，我们长大了父母也老了；我们开始恐慌害怕，怕他们看不到我们变优秀的那一天，怕自己无法为他们创造一个安心的晚年，怕他们老了之后还在为我们担忧。

如果我们现在不去努力，等以后都没有能力带父母去各地旅游散心，品尝各地美食。我们努力的意义是让他们可以衣食无忧，可以尽情享受生活的美好，而不是在晚年还替我们的生活、工作担心，还要把自己的养老钱拿出来给你。所以我们成功的速度一定要超过父母老去的速度。

［怕委曲求全卑躬屈膝活得没有尊严］

被领导骂得狗血喷头不敢还嘴不敢吭声，同学聚会上看着别人事业有成而自卑地缩在角落，看见喜欢的东西不舍得买，每天为了省钱而拼命挤上已经没地方可站的公交、地铁，每天啃着面包、泡面幻想这是美味的大餐……这些悲惨的生活将是不努力的你将要面对的局面。

我们之所以努力只不过是为了不寄人篱下不看人白眼，可以骄傲地做自己想做的事，不为了一个工作、一个人情而忍气吞声，不被人看轻，活得有尊严有底气。堂堂正正地拍着胸膛，自豪地说这就是我，这就是我想要的生活。

[想见到或者有资格和喜欢的人并驾齐驱，
想谈一场势均力敌的恋爱]

这句话一直激励着我前行："我努力为的是有一天当站在我爱的人身边，不管他富甲一方还是一无所有，我都可以张开手臂坦然拥抱他。"

最好的感情是相配的，你不会因为比他差而自卑，也不会因为比他好而骄傲，因为你们同样优秀，优秀并不是指能做出多大的成就，而是你们各自独立，各自在感情上依附却不在生活上依附。不用怕他离开也不用怕他抛弃，因为离开他你照样能够好好地活着。

倘使情侣之间一方平凡另一方非常耀眼，也许一开始只是被别人不看好，他们因为感情深厚而彼此不离不弃。但当时间长了之后就会发现，他们之间存在着很多无法逾越的鸿沟，很多不志同道合的观念，于是乎矛盾越来越多，开始生厌开始吵架，直至最后分手。

[也许努力是为了证明灵魂还活着，我们还没放弃自己]

回忆你过往的几年，你得到了什么，又失去了什么，我们活着又是为了什么？生活的意义又在哪里？浑浑噩噩是一天，把所有时间排满，积极去行动去享受生活又是一天，一天过去我们又收获了什么？

也许我们努力着尝试去进步，是为了让自己感觉到存在的意义，让自己在这个世界上还有事可做有目标可追，证明自己的灵魂还没有完全枯萎，证明自己并没有被打倒。

吃了还是会饿但我们还是要吃饭，睡了依然会困但我们还是要睡觉，学了不一定有用但我们还是要学习，活着最终会死但我们还是要活着。

也许这就是生活存在的意义，你的灵魂在指引着你成为一个更好的人，摒弃不知进取、游手好闲的你。

我听过我们为什么要努力的最好的答案是：因为我们只有一辈子。

也许我们为什么要努力的所有答案，都比不上最后这一点：因为我们只有一辈子，我们的人生只有一次！

时光不会重来，时间不会倒流，那些你错过的风景错过的路错过的人，都成了无法回头的回忆。日后提起时，满满的全是遗憾。

我们的人生只有一次，很多事情现在不做以后真的更没有精力和时间去做了。我们总习惯拖延，习惯告诉自己时间还很长，可是当下的每一天才是弥足珍贵的。请在自己最年轻最有拼劲的几年里去努力达到自己想要的状态吧，这样以后的道路也会更好走许多。

人生说长不长说短不短，那些你以为还有很多的时间，其实正一刻不停地在你眼皮子底下偷偷溜走。我们的人生只有一次，我们要在有限的时间里让自己的生命发挥出无限的价值，才不枉来到这人世间一场。

你问努力真的有用吗，你问坚持一定会成功吗，我肯定不能确切地回答是。可是我可以很明确地说，当你真正努力了之后，你所谓的结果如何也就不再那么重要了，因为在努力的过程中你已经打败了那个不知进取的自己，已经发现了一个更积极向上更优秀的自己。

努力，只为遇见更好的自己。

在生命里，不管有多少遗憾、多少酸痛，幸也好，不幸也好，都是过去，全是曾经，放下就会轻松。人生中，不管有多少辉煌、多少色彩、多少波折、多少失败，只要努力了，就应该无怨无悔！

如果你想成为一个成功的人，那么，请为最好的自己加油吧。让积极打败消极，让高尚打败鄙陋，让真诚打败虚伪，让宽容打败褊狭，让快乐打败忧郁，让勤奋打败懒惰，让坚强打败脆弱。只要你愿意，你完全可以一辈子都做最好的自己。

这个世界很残酷，不努力一定没结果

［01］

这个世界很现实，这个世界没有绝对公平，但是不可否认，我爱这个世界。因为它至少给我们机会，让我们去改变某些东西。

我始终相信努力奋斗的意义，对很多人来说，大概只有这条路才能通往更高的金字塔。

很多读者联系我，"怎么才能写出大家都喜欢的文章""我的梦想就是成为作家，但就是坚持不下去""我不知道该怎么努力，你能告诉我吗""我有时候就是不想动，总是会放弃"……

类似这样的话题，五花八门千奇百怪，可以概括为前途迷茫型。

其实谈这些话题的人，在我的个人认知里，至少应该是家庭条件不错，生活也很优越，所以才可以选择不想努力，因为只有生活条件还不错的人才有的选。就像有钱人才会从容不迫地说，没钱不要紧。那些没钱的人，不得不努力，如果他们偷懒一天，第二天可能就没饭吃。

不过我终究败在了我以为上，在后续的聊天中发现：他们大多生活苦闷，家庭困难，有着遥不可及的梦想和沉甸甸的责任。

这个世界就是这样，残忍得鲜血淋漓、面目可憎，我们能做的就是尽自己最大的努力，对它迎头痛击，无论这个世界怎么样对待我们，我们都能骄傲地说：我没辜负自己。

[02]

选择坐十几个小时的火车硬座，主要原因是为了省钱，我总安慰自己说：年轻的时候要多吃点苦。

可能是由于跑得快的缘故，我是我们那节车厢第一个进去的人，然后就开始猜测旁边坐的会是个什么样的人。车厢里的人陆陆续续地进来了，我旁边依然空着，可能不是起点站买的票，我暗暗想到。

在我低头玩手机的时候，一个声音在我耳边响起："姑娘，你旁边没人吧？"

我抬起头，映入眼帘的是一位四五十岁的民工大叔，肤色黝黑，皮肤很干燥，脸上有些地方皲了，穿着民工服，衣服很薄。背着的、提着的，外加放着的，鼓鼓囊囊一大堆行李。

我立刻说："暂时还没人，可能不是起点站买的票。"

火车运行后，坐在一起的就聊了起来。

大叔在北京打工，工地上干活，如今项目做完想早点回家过年，只好买了站票。说起回家这个词的时候，大叔很温柔地笑了。

对面的一个大姐打趣问大叔："今年是不是赚得盆满钵满？"

大叔说每天早上五点就开始上班，一直忙到晚上七八点，要是加班可能更晚，不过工资也还挺好，一天能赚三四百。

"赚钱挺辛苦的。"我有些感慨地说。

"谁说不是呢，不过家里有两个孩子，大的今年要结婚，要买房买车，小的读的是三本，学费高得吓人，不赚钱不行啊！"

后来我问大叔为什么不让孩子在网上提前帮他订张票，毕竟要站十几个小时。

大叔面露尴尬，后来才说，本来也想在网上订票，可家里就小儿子会上网，但是小儿子嫌弃他农民工的身份，还说他没文化，平时大叔打电话回去，小儿子也没接过，后来想想就算了，只是站一会儿而已。

以前我在知乎上看到一个答案，问题是我们为什么要努力，高票答案下面贴了一张照片，是很多农民工春运的时候大包小包挤火车的场景，并附有一句话：因为我不想成为他们这样的人。

当初看到那个答案的时候，我无比赞同。

可是如今，我真真切切地看到这位民工大叔，鼻子莫名地酸了一下。

北京冬天的室外有多冷，我能形容的就是十个人里面有九个都裹着厚厚的羽绒服，戴着厚厚的围巾、帽子，但是大叔只穿一件很单薄的外套，早上五点开始搬砖、和泥……

大叔不是买不起卧铺，只是因为要给家里的孩子省一些钱。

[03]

周末的时候我会出去兼职，以前在一家西餐厅做服务员，工资还可以，所以干了很长时间。

那家西餐厅有很多兼职生，排班也都不一样，几乎每次我遇到的都是不一样的面孔，除了店长和洗碗阿姨。

洗碗阿姨人很好，总是笑眯眯的，和蔼可亲，每次见面都会冲我笑，前厅不忙的时候，我也会偷偷跑过去帮她洗几个碗。

阿姨的工作时间和我们不一样，比我们长四个小时，工资却只有服务生的三分之一。

我知道的时候，气鼓鼓地问："阿姨，你怎么不换一个工作？这简直是压榨劳动力！"

阿姨似乎是苦笑了一声："换工作哪有那么容易啊，唉，我都这么老了，没啥文化，只能干这个了。"

有一个周末，我提前到了一会儿，看见阿姨穿着一身其他店铺服务员的衣服，急急忙忙地赶过来。

"阿姨，你换工作了？"

"没有啊，我在我家附近的早餐店找了份兼职，10点上班，负责端早餐、打杂、跑腿啥的，我早上6点去上班，可以干三个半小时呢，一小时8块钱。"阿姨说话的时候脸上带着笑意。

我要下班的时候，阿姨问我能不能帮她家女儿补补课，她知道价钱，说一小时50块钱，问我愿不愿意。我也带家教，不过犹豫了几秒钟，回答："好，回头协商一下时间，一小时40块钱就行。"

大家想必都洗过碗，在家里洗三四个碗几个盘子，是件挺轻松的事情。可是从早上10点到晚上10点整整12个小时，除开吃饭的20分钟，其余时间要一直站着洗碗，到最后腰疼背疼脖子疼，阿姨自己说起来的时候，总是略带笑意：没事没事，都习惯了。

为了多挣28块钱，阿姨要早起三四个小时去另一个店，找到这份兼职的时候，就像捡了宝一样。就算这样，阿姨还是会花50块钱一小时的高价给自己孩子请家教，生怕自己不能给她更好的。

[04]

暑假的时候我没回家，在武汉打工，租的房子在一个即将拆迁的棚户区里面，住我对面的是一个小姑娘，十七八岁，早出晚归。

有一天10点左右，突然听到楼下有哭声，我急匆匆地冲下去，发现那个小姑娘呆呆地坐在门口，膝盖胳膊在流血，我赶紧跑过去问她怎么了。姑娘一开始死活不说，只是呜咽，后来才说在路口遇到几个流浪汉尾随，双方吵了几句，姑娘怕得不行，拔腿往回跑，路上摔了一跤。

带姑娘回来，我一看不是大伤口，就帮她包扎了一番。

后来聊天的时候，我问她年纪这么小，又是一个人，为啥租在这么偏僻的地方，家里人不担心吗，多危险。

姑娘说自己是艺考生，参加暑期培训，父母都抽不开身。在这儿租房子便宜，艺考本来就要花挺多钱，家里也不富裕，不想再多花钱了。

姑娘说这些话的时候，我脑海里总会浮现出她那天晚上惊慌失措、布满泪痕的脸。

九月份开学我离开的时候，姑娘依旧住对面，依旧早出晚归。

我租房子的地方，坐完地铁还要转公交，偏僻得不像话，当然房租也特别低。一个十七八岁的姑娘一个人住在那儿，为了某些坚持的东西。

[05]

我从上大学就没拿过家里的钱了，学费生活费全是自己挣的。几乎所有空余时间我都在兼职，端过盘子发过传单，做过礼仪也带过家教。

我尽可能地找所有机会挣钱，如果银行卡里的钱不够2000，我就觉得很恐慌。

以前我在网上做过枪手，帮大神代写网络小说，千字10元，接任务之后一直熬到凌晨两三点，能码一万字。我也帮人写论文，三万字500块，走路都要抱本其他专业的书边走边看。

大概是那个时候写得多了，如今我写起来也不会太辛苦，写出来也会有人点赞、打赏。只是有一天看到一条短信，大意就是说我很幸运，成了签约作者，还能出书。

其实我一直坚信一句话：以大多数人的努力程度之低，根本轮不到拼天赋。

我十分清楚，我没有资格不努力，因为如果我这个月想偷懒、想休息，那我下个月就没饭吃。

那些找不到坚持动力的人，只是过得太舒服，没被生活逼到那个份上。但是你们有没有想过，你过得还算舒适的生活是谁提供的呢？

父母一把辛酸泪，为了你们愿意去干最苦最累的活，连续工作十几个小时。甚至拿着不高的工资的那些人，你们真的有资格偷懒吗？

这个世界很残酷，努力不一定有结果，但是不努力一定没结果。不过还好，至少它给你去努力改变的机会。

我要赚很多很多的钱，我要买一所大房子，我要给父母更好的生活……我不想我爸我妈五十多岁的时候，还在外面打工奔波，我要给他们更好的将来，所以我没资格不努力。

当你倦怠松懈想要放弃时，愿你多想想那些你爱的和爱你的人。

人要逼自己变得更优秀，就要对自己狠一点，逼自己努力；再过3年或5年，你将会感谢今天发狠的自己，恨透今天懒惰自卑的自己。愿你在薄情的世界里深情地活着，让那些等着看你笑话的人，再也笑不出来。

CHAPTER 04

可以迷惘一时，
但更要坚持一世

我们的生活会变成美轮美奂的艺术画廊，

或者是一座黑漆漆的活坟墓，

这都是由我们自己抉择的。

迷茫总是一时的，

选择的道路一直走下去，才是一世的。

有时候，道理懂得越多，给自己的束缚也就越多。不同的道理之间又常有矛盾，不同的建议之间也会有冲突。心灵鸡汤喝多了，味道也不同：有的咸，有的甜，有的辣。喝多了，肚子会坏，步子会慢，脑子也会乱。把鸡汤和道理放在一边，先迈出一步，然后在实践中不断地总结、修正。只有这样，我们才不会成为那种懂的很多会的却不多，最后几乎没有任何改变、一事无成的人。

把鸡汤和道理放在一边，先迈出一步

在我床头的书桌上，刻着一行英文：If you can not do, teach.（如果你自己做不到的话，就教别人去做吧。）做老师以来，我一直把这句话当作警钟。这是对那些可以把道理讲得头头是道，自己却做不到的人的莫大的讽刺。

我有一个朋友，人称"道理王"，在引经据典、讲道说理方面，堪比东方不败。从古埃及文明到比特币他都能分析得头头是道，对娱乐八卦和婚姻人生也可以娓娓道来。加上他不俗的外表，让每个和他聊天的人都如沐春风，女生更是恨不能以身相许。

当时，我和他一起在北京漂泊，蜗居在中关村一个十几平方米的小屋里，这里是北京最繁华的地段之一，尽管屋小，每月房租却不低。

有一天下午，我和他坐在窗边。他右手两指夹着一支烟，猛吸一口，再缓缓吐出一个大烟圈来，"艾力啊，我最近认真研读了一本关于理财的书，你说现在存在银行里的钱每天都在贬值。要成功，要在北京混下去，混出个模样来，靠在公司做一个小职员，就算每年涨一点工资，五年升一次职，这辈子也没什么前途。要想出人头地，一定要不走寻常路！咱们凑点钱搞贵金属投资吧……"

后来，因为工作的关系，他搬走了。但每隔一段时间，他就会打电话告诉我，又换了工作，进入了新行业，或者又发现了短时间挣大钱的方法。但无论是新行业或是新投资方法，没有一个他最终坚持下来的，他也成了后悔药的长期服用者。出于朋友之情，我也曾试图提醒他："除了那些道理、分析，实际有效的方法和行动是不是更重要？"他愣了一下，继续很有底气地说："你看我上次说的那个股票真涨了吧。我要是当时买了，现在就有套房了。"事实是，到现在为止，他换了4次工作，月薪涨了1050元，职位从小职员升为一个5人小项目组的组长。也许他真的有一天会被好运砸中吧，那时我也会绝对厚脸皮地说"苟富贵，勿相忘"。

这个世界上有爱讲道理的人，更有爱听道理的人，总会有许多追随者通过各种渠道来获得自己想要、需要或者觉得自己不得不要的道理。

可是，这些道理真的那么有用吗？听完英语学习讲座，立刻发誓半年拿下GRE（美国研究生入学考试）、托福，一年拿到美国名校的offer（录取通知），可每年拿到奖学金的人永远是少数；听了知名企业家的演讲，甚至只是看到一个励志的金句就热血沸腾，开始幻想自己好好拼一把也能出任CEO（首席执行官），迎娶白富美，登上人生巅峰；看了情感专家的微博分享，就决定做个"不忘初心，岁月静好"的女子，等着高富帅驾着七彩祥云来拯救平凡的自己……

只靠读道理就妄图懂人生，这就意味着，大多数人实现不了自己的梦。甚至，你要明白，有些功成名就的人，会在自己上楼之后抽掉梯子，再告诉想要努力向上爬的你：我当初就是通过努力飞上来的，你也可以。

一年过去了，你依然没能去留学，甚至毕业成绩都不是优。面试工作时，才发现拿着四六级证书、计算机证书、当过学生干部的竞争对手太多太多。你幻想过的白马王子出现在海天盛筵上，或者被你很不屑的女生围绕着。盲目辞职，一场说走就走的旅行之后，回到原点，还要从底层做起，而以前的同事已经升职成为你的上司。

有多少人把性格交给星座，把努力交给鸡汤，把考试交给锦鲤，然后对自己说"听过许多道理，依然过不好这一生"。

年轻人总想和世界谈谈，可这世界并不想和你谈谈。哪怕你技能点全部升满，生命值和魔法值满槽，依然抵挡不住这世界深深的无情。年轻人很容易怀疑自己，进而怀疑人生，然后走上那条平庸的路。但生活之所以精彩，就是因为总会有奇迹出现。关键是，你要掌握打开奇迹的钥匙——正确的方法。

上中学时，父亲就告诉我，"懂一百个道理，不如懂一个方法重要；一百次的感动，不如一次行动有帮助"。到目前为止，我那一点小小的成功很大程度就是源于对这句话的领悟。

几乎所有人都害怕作公众演讲。和很多人一样，我从小就特别渴望在众人面前出色自如地表达自我，但无论我怎样尝试似乎都无法达到预期。我又是一个很容易紧张的人，性格里有些怯懦。后来，我进入新东方当老师，不得不面对数百数千甚至上万的学生。为了练好当老师的必杀技，我几乎看了所有能找到的讲解演讲之道、演讲技巧的书籍。曾经有那么一阵，我甚至成了自己讲不好，但能教别人讲好的神人。

有一天，当我又一次在空无一人的教室里模拟演讲时，一位同事走进来，看了一会儿说："你意识到自己存在的问题了吗？如果没有，这样讲一万遍也没有用。"

在他的建议下，我采用了"刻意练习"的方法。"刻意练习"是佛罗里达大学心理学家K. Anders Ericsson提出的一套练习方法，方法的秘诀在于重复与反馈。

首先，练习者需要对方法建立正确的认识。以演讲来说，必须真正去了解什么是好的演讲，而要想做到这一点，仅靠抽象的书籍是不够的。因此，我找来了几乎所有名家的演讲视频，反复观看并揣摩其中的精妙之处。有机会我还会去现场听一些名人的演讲，现场感受那种万人欢呼、掌声雷动的氛围。

接下来，我进行了练习—反馈—练习的循环训练。刻意练习，是以错误为中心的练习，练习者必须对错误建立起极度的敏感，一旦发现自己错了会感到非常不舒服，一直练习到改正为止。

无论模拟练习，还是上课讲课，我都开始有意录制自己演讲的视频。回到家，再反复观看这些视频。一开始，看到视频中的自己会很不习惯，而且会发现很多之前自以为表现良好的地方，实际却并非如此。像大多没有受过播音、形体方面专业训练的人一样，讲到激动处，我会使劲挥舞手臂，幅度大到在镜头上看不到我的脸，只看到一只手挥来挥去，身子也随之摇晃，没有力量；我还会经常重复"这就是说，也就是说"等口头禅，英语中就是"so that... so that..."；对于熟悉的内容，我会习惯性讲得很快，节奏感不强。而最要命的是没有镜头感，无法让听众感觉到我在注视着他们，在关心他们的反馈。

我把这些需要改进的问题用本子记录下来，不断进行纠正练习，并且与下一次的公众演讲视频进行对比，直到某个问题完全不再出现时，我才会把这个问题从本子上划去。

无数次的"刻意练习"之后，我不但对于新东方的课堂演讲驾轻就熟，而且还成为一名演讲师，站到了拥有成千上万观众的新东方"梦想之旅"系列演讲的现场。

畅销书《异类》的作者格拉德威尔说："人们眼中的天才之所以卓越非凡，并非天资超人一等，而是付出了持续不断的努力。只要经过1万小时的锤炼，任何人都能从平凡变成超凡。"我自然算不上天才，对于自己通过一番辛苦取得的这一点进步，我的感触就是，世界上哪有什么成功的独门秘籍，当你学会把最简单的事做到极致时，成功自然也就离你不远了。

这一路走来，尽管我对听"那么多的道理"有成见，但这并不代表对此我不学习、不懂得或者不在乎，而是我明白，道理听得再多，也是别人的经验，只有通过方法的转化，才会变成自己的东西。带我前行的始终是那个看似渺小却埋头苦干的我。

不开心的时候，尽量少说话多睡觉。鸡汤再有理，终究是别人的总结。故事再励志，也只是别人的经历。只有你自己才能改变自己，不求很成功，但求不后悔。你要明白：争气永远比生气聪明！

努力想得到什么东西，其实只要沉着镇静、实事求是，就可以神不知鬼不觉地达到目的。而如果过于使劲，闹得太凶，太幼稚，太没有经验，就哭啊，抓啊，拉啊，像一个小孩扯桌布，结果不但一无所获，而且会把桌上的好东西都扯到地上，永远也得不到。

感谢孤单日子里仍在坚持努力的自己

一个人可以走过很长的路，哪怕孤独。毕业一年以后再去回首我的大学生涯，我仍然对那一段岁月心怀感激。感谢那时候奋斗的自己，也感谢那段苦涩与快乐交织的日子，让我懂得了人生最宝贵的一笔财富是：对你而言最好的奋斗，是一个人的单枪匹马。

[01]

刚上大学的时候，我对大学的全部感受是既充满了十万分的好奇，也感到一份淡淡的不甘。因为自己的失误，高考数学答题卡的5个填空题没有填写在答题卡上，所以白白丢掉了20分。而这门考试过后的情绪也直接影响了后面的英语考试。最后尘埃落定，当看到高考总分只有500多分的时候，我憋着一股委屈，来到了现在的大学。

我的大学是一所很普通很普通的本科院校，不是985，也不是211，所以刚进去的时候我有点难以接受。不过这时候感谢一个人的出现，她的出现让我彻底改变了这种看法：原来就算在二流的大学里，我一样可以获得一流的人生。

楠姐是我在新老生交流会上认识的一位学姐，学会计专业，人长得文文静静，永远保持着一份自信的笑容，和她在一起你总会不自觉就想和她靠近，好像她有一种吸引人的力量。那天她坐在我们中间，那个时候已经万念俱灰的我被这股暖流深深地吸引，鼓起勇气坐在她身边，试探性地说出了自己的境遇和苦恼。她听我讲完，然后微微一笑，问了我3个问题：

那你甘心现在的生活吗？

你目前的状况可以改变吗？

你想清楚自己以后要什么了吗？

从她那里，我知道了她的故事：高考失利，来到了目前的学校。在来到学校以后，她没有因为高考的结果影响自己的大学生活。每天好好生活，每天早早起床去操场跑步，按时吃早饭，背英语单词，在别人上课睡觉、聊天、看视频的空当，她依然坚持专心听每一节课。然后有时间就去图书馆，她说在那里有一种安心的感觉。

不过她也付出了许多：平时吃饭是她一个人，去图书馆是她一个人，去上晚自习是她一个人，如果运气好点，晚上的时候有了月亮就会有影子，不至于太孤单。她告诉我，最难的时候就是自己一个人11点多背着书包走出图书馆穿过体育场的时候，自己的身影被拉得好长好长。偶尔也能看到树影底下情侣缠绵的身影，她摇摇头，回到寝室。

再听到她的消息是她考上了东财国际商学院的2+2计划，去了东财上学，实现了自己的飞跃，从一个不起眼的学校到了一个会计专业一流的大学去学习会计学。当一个人不满足于现状，清楚地知道自己想要什么时，所需要做的就是默默无闻地努力，然后等待机会。楠姐等到了她的机会，当听说有这种项目时，她报名了，而她前期所有的努力都派上了用场，真的是老天不负有心人。走的时候，她送我了一本书《风雨哈佛路》，并在扉页写了一句话给我：你想要的生活，你都可以争取得到。

我没有追问她曾经吃了多少苦，我只知道：大学里的奋斗最不会辜负一个人，只要你愿意付出，不管你在什么学校，不管你的身边是怎样的一种环境，你都会千方百计地成功。只不过有一条绕不过去的路，那就是一个人单枪匹马地奋斗。

［02］

一个人的时候偶尔也会羡慕那些成群结队的青年男女，在你还在图书馆、培训班累得像狗一样的时候，他们却过着最惬意的生活。可是这不是我最想过的生活，我想要过的是：不轻易后悔的人生，值得回忆的人生。

我最喜欢晚上11点多一个人从图书馆回来的路上，抬头仰望天空中繁星点点的感觉，然后长舒一口气，匆匆离开。

也许有人会说，你怎么这么不合群。其实，我理解你的意思，你合群的生活大概是这种样子：早上等所有人都全部收拾好了才匆匆去上课，可是总被某个容易赖床的家伙拖后腿，不但没有赶上吃早饭，连上课也迟到了。中午为了迁就大家，放弃自己最想去吃的麻辣烫，而是陪大家去吃自己很讨厌的三鲜面。下午的时候没有课，你本来想安安静静去图书馆看会儿书，但是室友一起喊你去逛街，你不好意思拒绝，所以就一起去了。然后漫无目的地逛着，什么也没买，因为你不久前才去采购过。晚上的时候你发誓一定要背一下明天要考的英语单词，但最后还是没有经得住室友的怂恿，一起玩扑克到11点多，第二天一个单词也写不出来。就这样，你是"合群"了，但是你过得很累，活得不舒心。

其实在我的眼里，真正所谓的合群，应该是保持适当距离的合群，留有个人空间的合群，而不是出卖自我的合群。因为真正的成长，从来都是你一个人的事情。

在大学的时光里，我学会了一个人逛街，一个人吃饭，一个人承受孤单。只有在心无旁骛的时间里，你才会走得更远。在这样一个人奋斗的日子里，我努力让自己变得强大，变得优秀，变得配得上更好的生活。

这个世界总是充满诱惑，但是却又不让我们轻易得到成功。但这也刚好印证了一句话：成功如果那么容易，又有哪点值得珍惜？所以不容易得到的，我们才更应该努力，更应该珍惜。

有梦你就使劲去追，有喜欢的东西你就努力争取，单枪匹马又如何？你要坚信，好的人生，上不封顶！

现实会告诉你，如果你不努力就会被生活踩死，一年后的你还是原来的你，只是老了一岁而已。所以努力并不是为了感动谁，而是为了往高处走。为了未来美一点，现在必须苦一点。低头不算认输，放弃才是懦夫。共勉！

一个人在没钱的时候，把勤奋散出去，可能钱就来了；当有钱的时候，把钱散出去，可能人就来了；当有人的时候，把爱与支持散出去，可能事业就来了；当事业渐成的时候，把股份散出去，可能梦想就成了！第一句话：天道酬勤。第二句话：财散人聚。第三句话：博爱方能度己。第四句话：心有多宽，天有多大。

梦想并不遥远，只要你在追的路上

4年前，我从军校退学回来。那个时候，我年少轻狂，加上英语很好，在几乎全世界都反对的情况下，我说服了父母，说服了我最亲的朋友，然后脱掉军装，勇敢地去追自己想要的梦——去教英语。那个时候，我已经在部队立了二等功，加上爸妈都是部队的老兵，离开的难度很大。当天，我给爸爸写了一封很长的信，告诉他我以后会靠什么为生。我的父亲是一个很通情达理的人，看完我的文字后，同意我走了。

离开部队的时候，我跟我最好的朋友东说："兄弟，你也出来吧。"

东说："你有一技之长，出去有饭吃，我没有。"

我说："跟一技之长没关系，我们还年轻，可以一起努力，世界总有一天是我们的。而且你明明待在里面不开心，为什么还要继续这样？"

东说："你不懂，因为我背负的压力太大。我们家是农村的，父亲必须要我读军校，我没法选择。"

我说："你为什么不去斗一把？"

东说："斗不过，我背负着的是一个村庄的压力。"

的确，我不懂，一个本该飞翔的年纪，何来无尽的压力？

那年，我开始教书，靠微薄的收入生活在北京。那个时候爸爸虽然生我的气，但是还是决定每个月给我三千元钱，说：就这么多了，其他靠自己吧。

而我倔强地跟爸爸说，要自己扛过去。

最困难的时候，一个人在租的单间里吃了一个月的泡面。那段时间，我想念在军校和东一起喝酒扯淡的日子，而现在，每次喝多了都是一个人。有一次喝多了跟东打电话，说你为什么不出来，你出来我们两个就创业了，就算两个人一起开个咖啡厅也好。

东说："我也想。唉，可是我不敢迈出第一步。"

我说："为什么，你这么年轻？"

可能是因为我说多了，他喊了出来："龙哥，我是不喜欢不勇敢，可是我是为了我爸读的军校。他病了，我更不敢气他了！"

我挂了电话，什么也没说。只是觉得，东为什么这么懦弱。

那段时间，我一个人默默地努力，赚了一些钱，认识了一些朋友，日子却越来越孤独。那段时间，我一个人看书、写文章，还报考了自己喜欢的导演系。

我记得有一次自己一个人去旅游，到了西安。在大雁塔下面有一个用脚写毛笔字的小女孩，她的手是残废的。在她的边上，有一个大概10岁的小女孩，手上拿着一个气球，跟妈妈说："妈妈，我也想要一支画笔。"妈妈说："要画笔干吗？"她说她也想成为画家，然后就开始哭闹、撒娇。两个小女孩对比非常明显。

我看着她写完后，问她多大了。

她慢慢地说："18岁。"

我说："你怎么练习这些的？"

她说："因为妈妈去世得早，自己很小的时候出车祸残疾了，父亲病重，只能这样继续生活了。"

我说："你写得很好，什么时候学的？"

她说："有手的时候，我当时的梦想是想成为画家，可是现在……"

那一刻，我想起了那个妈妈不给买画笔的小女孩，我定在风中，久久不能平静。

我忽然明白，当你在抱怨世界不公平的时候，在你抱怨梦想太远够不着的时候，当你在咒骂通往目标的路上荆棘太多的时候，有些人连努力的资格都没有。因为一些人，一出生就背负着太多的压力，所以，老天就是对他们不公平。

那天我打电话给东，告诉他："在里面好好混，我懂你的苦。"

接下来的几年里，我拍电影有了一些起色，很多视频网站找我拿首播权。我的文字也写得有了一定的传播量，接着我成立了自己的团队：龙影部落。这个时候，曾经的朋友都聚集到了身边，我又想到昔日最好的朋友东，跟他聊了很久我的梦想后，他动摇了。他告诉我："太好了，我准备加入。"

有时候觉得上天让人生变得戏剧化是因为它开始无聊了，或者是上天让一个人经历了太多只是为了让他变得更强大。

不久后的一天夜里，东飞回老家，去见他得了癌症将要走的父亲最后一面。

而我随后也跟了过去。看到花圈和灵堂，以及自己最好的兄弟的眼泪，我的眼泪也开始不停地打转。

那天，东的母亲跟我说，他父亲临走前最后一句话，就是希望他继续在部队好好干。而东也抓着他父亲的手，说："爸，我一定这样做。"

当天的星星特别美，我看着自己的双手，我没有残废。我摸着自己的肩膀，没有负担和压力，只是有时候生活给我带来了一些小小的挫折。在追梦的路上，偶尔被击倒，偶尔被打得头破血流，其实很正常。可是，有些人连追梦的资格都没有。当你发现能够追梦的时候，其实就已经很幸福了。

在这个世界上的很多角落，有多少人，因为家庭的原因和生活的变故，连梦想都不敢有，他们活在父母的阴影下，长在现实的黑洞中。所以，如果你四肢健全，时间充裕，又有什么资格抱怨自己今天又浪费了一天，又有什么权利不停地说自己好无聊呢？

"梦想"这个词，已经被用滥了，甚至每次一说到"梦想"这个词，就被人说成心灵鸡汤。而这样说的人，只是因为他们活得麻木，不知道生活还是要有一些盼头和希望的。而那些有盼头的人，一定记得只要有梦，就是幸福的，只要还能去追，就应该不抱怨，奋力地前进。珍惜当下拥有的，追求可以得到的，放弃不属于自己的，不去成为那个让你难过的断梦人。

没有钱，没有经验，没有阅历，没有社会关系，这些都不可怕。没有钱，可以通过辛勤劳动去赚；没有经验，可以通过实践操作去总结；没有阅历，可以一步一步去积累；没有社会关系，可以一点一点去编织。但是，没有梦想、没有思路才是最可怕的，才让人感到恐惧，很想逃避！

我们常常会说：好累呀！然后抱怨两句。但请不要把抱怨当作一种习惯，因为所有的一切都是我们自己选择的结果，有些人会说他没得选择。任何时候，我们面前都不会只有一条路。除非是自己放弃选择，而不选择本身也是一种选择。所以，既然一切都是自己的抉择，就请扛起你该扛的责任，微笑面对。

你的人生还没有到说放弃的时候

[01]

我有一个学渣朋友，他有一个很好的天赋，就是他的声音很好听。

以前高中的时候他就经常会主持学校的一些晚会，或者被市里省里邀请去朗诵、参加比赛之类的。

在艺术这方面他很有优势，而且很有天赋，每次都是老师稍微指点，他就能掌握发声技巧，屡屡获奖。

而且他这方面的优秀，掩盖了他其他的很多不足，例如他文化课特别差，考试成绩总是垫底这个事实。

但是他好像不是很需要去愁这方面的问题，因为他在高考的时候，在文化课水平不达标的情况下，就已经被某高校的播音主持系破例录取了。

那时候他是我们都羡慕的对象。

我们都以为特长只要足够长，就可以去"争霸天下"了。

最近在一次聚会里又遇到他，得知他目前已经在读某高校的博士，让我们惊叹不已。

而且不是播音系，而是跨系了，还是文科哲学专业。并且他的英语过了八级，把我们都吓坏了。这简直就是逆天。

回想当初高三的时候，他可是连一到十的单词都写不完的呢。

从一个学渣到一个学霸，中间需要经历些什么？

我们都非常好奇的时候，他淡淡地说了一句：

其实没什么的，就是到了大学之后才发现，自己的水平实在太差了，身边的人都太厉害了，自己不进步，就会跟不上。

例如一条英文资讯，人家拿到手就能很流利地念出来，口语还很好，自己却要不停不停地练习，而且还不敢开口说。

他后面说的话，感觉像是一把刀一样，插在我们的心口：

以前觉得自己特别牛，就算成绩不好，还是可以上比别人好的大学，但是真的接触了这个层次的人之后才知道，原来那些不仅声音条件好，而且学习成绩好的人，多了去了。接触的人越多，越觉得自己渺小，要是还是觉得自己不可一世，那么就真的混不下去了。

知识力量不够的情况下，人真的很难有十足的自信，就会希望自己能做得更好一些。

你越见识了更高层次的人之后，就会越想去奋斗，越看到了这些厉害的人就在自己身边的时候，就越想去靠近。

但是自己不够优秀，不够厉害的话，根本就靠近不了。

这样的推动会让自己愈加地发奋。

记得有一位老师曾经跟我说过，身边值得学习的厉害的人太多了，现在都觉得自己活的时间不够长，太多想要了解的东西还没去学习，一辈子的时间太短了。

层次越高的人，越觉得时间不够用，越是会觉得人生太短。因为他们找到了人生正确的打开方式，好奇心迫使他们不停地去探索未知领域，心里不停地获取到满足感，幸福感也骤然上升。

[02]

那些学习成绩曾经非常厉害的同学，他们现在又在做什么呢？

小郑是我读高二的时候班里的班长，她的数学特别厉害，当时老师都极力推荐她以后去大学读理工科，觉得她会在这方面有很好的作为。

但是没想到小郑在大学毕业后马上就结婚生孩子了，回到了我们当地的小城市生活。

她想进入一个稳定的事业单位工作，无奈公务员考了几年也没有考上。上一次问的时候，她说她放弃了，不打算再考了，反正也考不上，不想再挣扎了，而且书也看不进去了。

对于她的情况我是非常痛心的，本来大学的时候她已经被保研了，可是自己却放弃了。我问她：就这样过一辈子吗？

她跟我说：其实看看身边的人，觉得自己受教育水平还是挺高的，应该足够我这辈子用了。本来我也想再去深造的，但是我老公说：读书没用，还不如想想怎么去赚钱。

放眼身边，那些对自己的知识水平满意的人，认为目前的情况已经足够自己生活一辈子的人，身边跟着的都是一群平庸的人。他们就像是活在自己的世界里，自我陶醉，这种井底之蛙的感觉他们特别享受。

其实对于他们本身而言，这样的生活确实是没有问题的，因为他们不知道天外有天的天是什么颜色，人外有人的人是什么样子。

但是他们会对生活有更多的怨气和不满。那些说一辈子很长的人，其实都是没有找到自己真正想要做的事情，他们没有认清自己，他们没有体验过真正的人生。

而层次越高的人，越会觉得生活有趣，越是会对生活有好奇心。

见识越多，想知道的就越多，自然就会想把自己提得更高。

层次低的人，反而很容易放弃自己，放弃人生，因为他们找不到奋斗的目标和方向，只是一味盲目地活着而已。

所以思想观念层次较低的人，更容易对生活失去信心，生活意义的阳光总是照不到这样的人身上去，是因为他们就没有想过要冒出来去见见太阳。

而这样的恶性循环，让人失去了为生活奋斗的意义，他们会觉得，只要我活着，有饭吃有地方住，还能赚一些钱让自己花，生活就满足了。

更可悲的是，他们觉得奋斗是一件会让自己很累的事情，并不值得为之付出时间和精力，反正自己已经活得很好了。

可是这些处在思想底层的人根本不知道，自己这样的心态，将会祸害下一代。

他们放弃的不只是自己的人生，还有自己后代的人生。

为什么那些越好的家庭就越过越好？因为他们给予后代的不是财富，而是一种精神追求。

[03]

阳光普照的人生是什么样的呢？

他们都是很忙碌的，没有时间去惆怅，没有时间去迷茫，更没有盲目一说。

我知道一位作者，她就是为了自己喜欢的事情一直在奋斗，从来不说累，她一直都活得很开心。

大学的时候，她看着时尚界的人很光鲜，自己也很羡慕，就逼着自己也要成为这样的人。

最后她的确也做到了，走入了时尚圈，还进入了娱乐圈，差点还做了明星。但一轮打拼下来之后，她觉得自己的知识水平不是很够，于是又回去读了博士。

博士毕业之后，她觉得写作是一件很有趣的事情，就埋头开始写作，出了一本超级畅销书，拿到了超大一笔稿费。

然而这还不是她奋斗的终点，现在她又一头钻到摄影里面去了，拿着相机，周游列国，拍出了各种让人感到惊艳的照片。

她说：这个世界真的有太多有趣的事情了，我要在我有生之年多学一些，多体会一些，这样才不会浪费我的这一生。

她也是一位从农村走出来的姑娘，大学后，接触到了她的一位英语老师，又美又时尚，人还特别好。

老师告诉她很多关于时尚的事情，比如香奈儿的品牌故事、欧米伽的故事，还给她看了她自己的各种名牌。

这个作者说：当手里拿着一个十几万元的包包的时候，就觉得以前遥远得不可触及的东西现在触手可及了，原来就是那么近，那些所谓的有钱人，其实也是人，他们也是正常生活着的人。当出现了一种觉得自己也可以有机会可以拥有这一切的感觉的时候，奋斗的心就来了。

这位老师跟她说：

不要把这些都想得那么遥远，你觉得这些东西离你很遥远，那是因为你还活在你以前的层次范围里。我现在把这一切都告诉你，给你最真实的物品，是想把你从你的层次里拉出来，去真实地看到不一样的东西，而不是用幻想去想象一个十几万元的包包是什么样。

她说，是她的老师让她看到了这个社会的层次，让她冲出了原先固有的思维模式。

越是体验过美好的人，就越是想要留住美好，然后自己就会想办法让自己过得更好，能沐浴到更多的阳光。

而那些层次越低的人，越是会觉得生活是一潭死水，激不起一点的波荡，因为他们看不到阳光。越是在这样的环境下，他们就越容易放弃自己，失去奋斗的动力。

社会从来都不是平等的，它对勤奋向上的人都特别照顾，而那些越是生活艰难的人，就越不会去想怎么提高自己，他们会用一种"就这样就可以了"的思想麻醉自己，活在自己的世界里。

所以当你想要冲出自己的层次的时候，经常会听到一些声音：

折腾那么多干吗？累死自己。

学那么多又有什么用，可以赚钱吗？

给你拥有全世界又怎么样，最后还不是要死。

那些花几十万元去买一个包包的人，真是有病，还不如拿这些钱去……

…………

他们不是给你人生建议，他们是已经放弃了自己的人生，还来建议你也一起放弃。

别人在熬夜的时候，你在睡觉；别人已经起床，你还在挣扎想再多睡几分钟。你有很多想法，但脑袋热后就过了，别人却一件事坚持到底。你连一本书都要看很久，该学习的时候就刷手机，肯定也不能早晨起来背单词，晚上写作业到深夜。很多时候不是你平凡、碌碌无为，而是你没有别人付出的多。

一件事，某个人，你若放弃，可以找到万千理由，但你要真的放下，过后别回头，别懊悔，别无端地折磨自己。如果放不下，那就再咬牙坚持，在绝望中寻求生机，在卑微中强健身心。潜心笃行者终尝所愿，坚忍不拔者多能功成。要经常对自己说：我想得到，我一定行，我能撑住，我不服输，我不后悔。

你之所以迷惘，是你太早就选择了放弃

前几天参加了大学闺蜜的婚礼，遇到了好多很久没见的姑娘。

当年在同一栋宿舍楼里，最远也就隔一个宿舍。当年，我们在同一个学院学着不同的小语种，一起去水房打水的路上还在练习各种大舌音、小舌音，一起顶着湿淋淋的头发走回宿舍，背着单词拼写，记着动词变位。

当年，我们的学院还叫作国际传播学院，国传的姑娘们敢和任何一个学院的姑娘们比用功、努力。大一刚开始学一门语言，大二就能跑到外国和当地人畅谈自如。

当年，我知道了原来英语比那些稀奇古怪的法语、德语、葡语、俄语要简单太多了，也就是那时，我们拿出了比高三还努力的姿态，开始了大学生活。

后来的好多年，我都没有再见到那些姑娘。毕业后，我们各自在不同的轨道和方向上努力奋斗，在不同的城市、不同的国家。姑娘们经历的事情远远多过那个只需要牢记动词变位的4年。

我们从22岁，长到了28岁。

新娘Jessie是我整个大学4年最好的闺蜜，嫁给了一个美籍华人。

高富帅老公，盛大的婚礼，善待她的婆家，她远嫁大洋彼岸，没有丝毫的孤独感，心中满满的是笃定的幸福。

一同参加婚礼的姑娘，在朋友圈里写下了这样的话，大概可以描述我们每个姐妹团成员的心声：

"你在台上幸福得像花儿一样，我在台下哭得像狗一样。看见你开心，我终于放心了。"

我们看到的往往都是王子和公主幸福地生活在一起的结局，我们听到的是新郎深情款款地在台上说，"从今以后，你的幸福就是我的幸福，所以我一定会努力让你幸福"。我们看到宾主尽欢，共同祝福这个美丽的新娘、我们的闺蜜。

而我们知道这6年的不容易。

这6年中，她去了德国读研究生，和大学时代的男朋友幻想过一个非常美好的未来。

也是在这6年中，她经历了特别狗血的剧情，她分手、被抛弃，只身一人去了美国。

她曾经满心欢喜地以为那个大团圆结局很快就会到来，但结局是她无比失落地看着大学时代的爱情被掩埋。

她一个人放下了过去的一切，去了美国。离开了过去的人、过去的国家、过去的行业，以及过去期盼的未来生活，一个人去了美国。

她说，一个人在任何境遇、任何时间都可以重新开始，只要你有勇气，只要你不放弃。

我记得曾经看过李亦非的一个访谈，她说那年她二十六七岁，自己一个人走在纽约的街头，也曾经特别迷茫，自己未来要做什么，从事什么行业，自己未来的老公在哪里，一切都是未知数。

我想，这大概是每一个想要活出一点儿自我又想要爱情的姑娘都会经历的迷茫，是我们每一个人在那个能被别人看到的大团圆结局前，所必须经历的煎熬。

　　Jessie去美国的时候，一无所有。

　　但是后来的很多年，她攻下了第二个硕士学位，在文科毕业生极其难找工作的美国找到了一份公立学校的教师职位。她通过自己的工作签证就可以在美国留下来。后来她遇到了Robin，好像就是那句烂大街的话——签证、工作我都有了，你给我爱情就好。

　　她不需要通过嫁给一个美籍华人留在美国，她只是拼搏努力，和过去郑重告别后，深吸一口气开始了自己新的生活。

　　我们只是看到了她留下来，看到了她遇到Robin，看到了她盛大的婚礼。一切仿佛都那么容易。

　　只是，那些苦读的日夜，每门课都考很高的分数；那些从来都不回国的假期，她拼命实习，拓展社交圈；那些努力忘记过去，忘记伤痛，想要忘记整个大学青春的夜晚；那些眼泪和痛苦，我们都没看到。

　　一起参加婚礼的姑娘说，Jessie得到了她曾经想要的一切。

　　而只有她身边最亲近的人才知道，一切其实都是那么的来之不易。

　　我和那些姑娘，也是6年没见。

　　大学时代，一起顶着湿淋淋的头发走回宿舍的姑娘们，都成长得更加美好了。

　　有一天晚上，一起走在黑夜里聊天，大家都感慨，我们22岁的时候，没有人告诉过我们28岁竟是这么难，或者说，从大学毕业以后的6年里，竟是这么难。

　　从考大学开始，别人会问你，考上了什么大学啊？然后你通过自己的努力考上了一所好学校，你可以站在众人赞赏的目光里。

　　然后就是大学毕业了，别人会问你，你去了哪里工作啊？然后你通过大学期间不断的努力，找到了一份体面且薪水颇丰的工作，你依然可以站在众人艳羡的目光里。

前两个节点，和姑娘们很多年受的教育一样，你只需要努力，就可以被认可，被喜欢，被欣赏，姑娘们心安理得地享受着自己努力的成果，享受着亲朋好友的赞扬和认可。

可是，没有人告诉过你，到了二十七八岁，好像对于姑娘的评价体系就完全土崩瓦解了。

再也没人问你，读了哪个学校的硕士，再也没有人问你，现在在哪里工作，再也没有人问你这些年学到了什么，看过什么风景，遇到过什么有趣的事，大家都只有一个问题：你结婚了吗？

我们在夜色中，笑得很大声。

是自嘲，也是无奈，这就是现状。

但是，当年一起背单词，一起记动词变位的姑娘们并没有因此就变成自怨自艾的所谓剩女。她们一个个不管有没有男朋友，不管是否打算结婚，都依然兴致勃勃地做着自己热爱的事情，从事着自己热爱的行业。

也一边约会，一边谈恋爱，坚定地要嫁给那个对的人。

其中一个女生甚至从一份岁月静好的工作，又跳回了一个要加班要拼搏的行业。因为我们深知，即使这个社会的评价体系到了你二十七八岁就彻底翻转了，那些看上去什么都拥有的姑娘也一定都付出过巨大的努力，不是说一句我结婚了，就什么都拥有了。

我们坚信，这个世界上没有侥幸，没有童话故事，没有坐享其成。

七大姑八大姨问完你结婚了吗之后，是不负责你过得好不好的。

一个女生要得到她想要的一切，本来就比男生要付出更多，要面对社会价值观的突然翻转，要面对自己内心阶段性的迷茫和困惑。

社会评价体系的翻转只是给了我们更大的压力。这并不是说，我们只要匆匆结婚了，就什么都拥有了，我们身上的这些无形的压力只是一个负担而已，它并不对我们的生活负责任。

只有我们自己，才对自己的生活负责任。

我们看到那些生活得异彩纷呈的姑娘，生活在她们喜欢的城市，做着她们喜欢的工作，嫁给了她们爱的人，但是我们都没有看到，她们在刚开始时也一如我们一样迷茫。

我们没有看到，她们是如何毅然决然一个人远赴异乡，是如何一个人走过了那么长的路，又是如何一个人面对迷茫，面对失落，面对那些流着眼泪的漫漫长夜。

我们都羡慕着大结局，而忘记了开头。

你必须非常努力，才能在所谓的大结局时看起来毫不费力。

其实，这哪里是大结局，二十七八岁，这根本才只是一个开始。

"这个世界就是一拨人在昼夜不停地高速运转，另一拨人起床发现世界变了。"

所以，亲爱的你，尚且这么年轻的你，又怎么能够停止奔跑？

我见过一些人，他们也朝九晚五，却能把生活过得很有趣。他们有自己的爱好，不怕独处；他们有自己的生活圈，也常聚会；他们有自己的坚持，哪怕没人在乎。我佩服每个能在平静生活中过出趣味的人。没有无所事事的人生，有的是无所事事的人生态度。如果内心贫瘠，换一万个地方生活都雷同。

社会很残酷，而且也很功利，可是它逻辑简单。你值多少，它就会给你多少。而我们穷尽一生，不正是在拼命地提高自己的价值吗？没有量变的积累就没有质变的飞跃。你努力提升自己，它就不会轻易辜负你。不要心急，该来的总会来找你。

千错万错，你的付出不会有错

[01]

昨天看到陈道明老师的一段节目评论视频。

节目的主题是击鼓与杂技的多元结合。设计很有创意，传承之余掺杂进现代表演方法，观赏性和艺术价值都很高。参演人数多，动作难度大。

表演结束轮到点评团点评的时候，有一位年轻人说了这样一句话："这样的表演对这些孩子将来的生活并无益处。"

接下来陈老师反驳时说的几句话让我赞同之余又记忆犹新：

"你们一定要努力，但千万不要着急。

"每一张脸都是不一样的，你们都独一无二。"

这让我忽然想起来小时候的一件事。

[02]

我打小就数学成绩不好，天生对数字不敏感，没天赋。

通过刷题勉强维持到高中，可是因为课业难度增大，数学成绩直线下滑。

记忆中分数最低的时候，总分150分，我考35分。

在分数至上的高中时代，班主任又恰好是数学老师，最喜欢说的一句话就是"学好数理化，走遍天下都不怕"。

所以我理所当然被边缘化：座位从开学时按成绩排的第二排，不知不觉就已经到了倒数第一排。

身处理科重点班，数理化成绩不好几乎要了我的命。

从好学生到差生，从云端掉落的落差让我拼了命地学数学，整天泡在题海里不肯出来。

不愿意与同学交流，更不愿意同父母沟通。

上学放学形单影只，学校里也没什么朋友，走在路上都在背公式。

而我并不懂什么行之有效的学习方法，以为和以前一样背些公式，多做些题就万事大吉。

结果可想而知：新知识摄入让我应接不暇，题海战术又让我疲于应付。

之前积累的知识库存很快见底，新的知识又无法形成系统。

成绩不见上涨，身体却垮得很快。

周身气场负能量满满，用我妈的话说，就是目光呆滞，双眼无神，形容枯槁，整个人行尸走肉一般。

但说实话，即使求学坎坷，我也从来没想过放弃。

我想得很清楚，无论过程怎样，我要拼过一把才知道自己行不行。

以这个很英勇悲壮的心态坚持到分班考试，我孤注一掷地选择了文科。

但是在我们那个八线都算不上的小地方，文科的同义词是无能。

周围亲朋师长都普遍认为，不学数理化，出来没工作。

数学并非我的强项，而其他科目又与其他人拉不开太大差距，学文科除了自以为的"天赋"外，我并没有什么优势。

但我依然坚持了我的选择，也为之付出了代价——复读一年。

第一次高考失利，感觉天空灰暗，世界末日到了。

然后在进入社会和沉下心来复读的选择中纠结了一个暑假。

在决定复读前那天晚上，我在本子上写下了这句话：

"你一定要努力，坚决不能放弃，千万不要心急。"

时至今日再回头看看，那一年说长不长，收获的东西却能惠及一生。

第二次高考后我幸运地考上了一所不错的大学，学的是传媒方面的专业，如今也身处与之相关的我喜欢的行业。

当年那样近乎绝望地拼命努力，让我学会了吃苦和忍耐。前途茫茫的复读，让我学会了坚持和等待。

如果当年再心急一些选择进入社会，我或许已经踏上了不一样的道路。

所以我如今依旧笃定一个真理：你只要对得起自己，上天就不会辜负你。你一定要努力，但千万不要心急，你想要的和该收获的，时光都会给你，所有的付出都会为你铺出一条成功的道路。

[03]

同样给我类似体验的，还有来自我朋友芦苇身上的一件事。

芦苇当年毕业后到第一家公司工作的时候，遇到的困难并不少，上司的刁难，同事的嘲讽，工作的困难都是常事。

相恋两年，男朋友的毅然离开才是对她最大的打击。

因为外务合作，工作需要较好的英语口语。

为了赶上差距，她每晚都要上夜校，回家还要加班赶工作。

那时候睡觉说梦话都是在背单词。

通宵达旦做方案是再正常不过的事，哪天如果不用加班才让人啧啧惊叹。

甚至她很快就从失恋分手的伤痛中走了出来——工作并没有给她伤春悲秋的机会。

可是她一点儿都不急。

我有时候心疼她，工资不涨职位不升，我急得乱跳，她却淡定自若。

因为她一点儿都不急，她说该来的总会来，只要做好迎接的准备就好。

果然，不久后她就升了职加了薪，离梦想越来越近。

不要总抱怨你不升职加薪，要看看自己的努力是否有资本让你拥有更好的待遇。

总有人比你能力强，却比你更努力。

每一个人都是独一无二的，全世界只有一个你，不论大小，你总有你的独特价值。

我不会告诉你，只要你努力就能立刻逆袭；我只想告诉你，只要你努力，我们都能做一个独一无二的、平凡却可贵的自己。

千错万错，你的付出不会有错。

所以，年轻人啊，你一定一定要很努力，但千万千万别心急。

不随大流的人，一定是有着自己的一些坚持，即便这些坚持在途中会被随大流的人嘲笑或者误解，甚至带来伤痛，但你依然觉得这是可以承受并值得的。因为从头到尾，你都听从自己的内心，即便这在很多已经放弃听从内心的人眼里，有些碍眼和不合时宜，但你是特别的你。

这就是现在的你：想做个开心的人觉得好难，每天习惯晚睡，经常喜欢发呆，做什么事都没有坚持的动力，今天告诉自己明天要努力，明天起来一如往日的模样。你无法忍受现在的自己，却没毅力改变。越习惯，一切也就越糟糕，所有的无能为力，大多是因为你还未真正努力！

人生随处都有翻盘的希望，只要你在坚持

没有完美的人生，谁都会遭遇坎坷。当遭逢坏局面时，你应该积极面对，寻找解决办法，而不是让焦虑压垮自己。

朋友本科学的是临床学，可他并不喜欢，在学校玩网游，耽误了几年青春。每次见他挂科，父母也没少责备。但他总是说，做医生太累，不喜欢。实习那年，他的母亲不幸中风偏瘫。为了治疗，家里拿出了大部分积蓄。仿佛一夜之间，朋友长大了。他幡然悔悟，主动去找工作。

可是，工作也不是说找就能找到。在招聘会上，他拿着几近空白的简历，不知该投向何方。眼见同学们都找到了心仪的工作，而自己却没着落，巨大的落差让他很悲伤。

但是，他想到了偏瘫的母亲，还有满怀期望的父亲，心一狠，硬着头皮承受面试官无情的"蹂躏"。

辅导员对他说：有些事，不是硬着头皮就能解决。你该认真思考自己适合哪一行业，而不是像无头苍蝇一样到处乱飞，要找到人生的最优解，而不是无脑乱画。

朋友把目光投向游戏产业，花了两天时间逛遍相关论坛，选择了几家公司，并对其产品写了一份体验报告，以及对游戏产品的理解。

面试时，他镇定自若地与产品经理交流想法，条理清晰地阐述他的看法。拿到offer（录用通知）后，他在朋友圈写了这么一句话：尽管握着一手烂牌，也要认真打完。

其实很多时候，你手中的烂牌并非上天的刁难，而是对你过错的惩罚。生活给你烂牌的意义，不是让你撕掉它，而是让你改过自新，让你有一次逆袭的机会。

小丫在销售部实习，长得不漂亮，出身也并不光鲜，但她很有拼劲儿。在公司时，她每天都会利用空闲的时间准备注会考试。曾有人问她为何那么拼命，她说想在深圳买一套房。别人嘲笑她异想天开：条件那么差，野心却那么大。

小丫工资不高，但她没有放弃花钱去学习。每一天的成长，都让她感觉到喜悦。周末有空，她就去市场扫货，回家自己改衣服。钱不多，但日子过得很充实，跑步、看书……不知疲倦。

小丫告诉我，无论眼下的处境有多糟糕，都别害怕，更不要放弃对生活的希望。毫无背景不是你堕落的理由，而更应该是你前进的动力。

每当你前进一步，都会收获一份胜利的成就。

我们大多数人都很普通，拥有的牌都不会太好。但上天既然给了我们一双手，那就意味着给了我们翻盘的希望。

虽然没有获得幸运，但也别轻易放弃任何一个"坏"局面。你要想办法把死局盘活，把糟糕的生活过得更有诗意。

你该花时间思考如何打好一副烂牌，而不是抱怨命运，或者干脆撕牌。当做出积极的选择时，你也会变得更优秀，生活同样会反馈给你不一样的精彩。就命运而言，休论公道。有人命好，有人命歹。怕什么困难无穷，进一寸有一寸的欢喜。

至今，我依然怀念我的围棋先生。虽然我不是他最优秀的弟子，但依然感激他对我的教诲。先生曾说：人生恰似棋盘，利用得好，那就不存在废子。可一旦放任，就算妙子也会沦为废子。

我们正当年轻，虽然欠缺宏大的布局观念，但应该具备最基本的抗挫折意识。放心，生活不会将你置于死地，总会留有生路。而你所要做的，就是寻找最优解，把死棋做活。

不放弃，便有希望。进一寸，便有欢喜。

你遇到过很多聪明人，你的大学同学，你的同事，你的朋友，有几个比你傻？很多年以后，你会看到成功的并不一定是最聪明的人。因为决定成功更多的是非智力因素：明确的目标，积极的心态，努力和坚持，承受挫折和压力的能力，成熟的待人接物，等等。但有一种人注定没戏——不努力却怨天尤人。

我特别欣赏拥有好习惯的人，比如每天按时跑步，每晚坚持读书，抑或每顿早餐喝一杯牛奶。这种习惯表明了一种自我提升的自律能力，也表达了对生活的一种偏执，慢慢地它使人的生命质地更加细密纯净。

习惯努力，你的人生会有大改变

［01］

他问："我也想写字，该往哪里投稿？"

我答："你如果刚刚开始，还是要多练笔，多读书，投稿可以缓一缓，以后有许多机会。"

他说："如果不能发表的话，写了还有什么意义？"

我无言以对。

大部分自称喜欢写字的人，都停留在"称"，而"写"的部分却很少。

不多写多练，投稿也多是失败，更容易放弃。所以，为什么不先去努力把事情做好，再看结果如何呢？

他带着不满走了，我明白他的言外之意：你现在出书写稿顺风顺水，肯定不理解我的郁闷。哼！

［02］

她问："我成绩不理想，总是想努力，可总不行，心里着急，但是没用啊，怎么办？"

我答："我也只能是劝你继续努力，学习这件事任何人都替不了你，除了你努力，没有别的办法。"

她说："可是真的好难啊。我觉得自己很努力了，但不见成绩，所以很灰心。"

我不知道该说什么。

我是理科学渣，高中满分150分的数学题最初只考了49分，你比我还不如？

我能做的就是，利用所有时间补课，从基础开始补，一点点地赶，考试做不出最难的那道题，但至少我可以把基础分拿到手。坚持半年，成绩也只是刚及格而已；但再坚持半年、一年，高考时数学没有拖后腿，几乎是我整个高中三年最好的一次成绩。

她带着满腹狐疑走开了，大概励志鸡汤听太多，总觉得不那么可信。

唉，本来就是，看上去别人的路总是好走一点儿，鲜花满地，而自己呢，则总是荆棘丛生。

[03]

他问："我非常不喜欢现在的工作，但是我喜欢的行业又进不去，很迷茫，很没劲。"

我答："有没有可能先赚钱糊口，业余时间用来发展兴趣爱好？掌握技能，时机成熟，你就可以跳进喜欢的行业啊！"

他说："哪有说起来那么简单？要花钱，还得有时间，我现在就很忙很累很辛苦……"

我沉默。

我认识的很多人，都能证明他的牢骚满腹根本没有一点儿用处，哪怕用一点儿力量去改变现状都会有收获。

我先生是学机械的，后来靠上培训课程和读书自学，从事了自己喜欢的IT行业，而时间都是挤出来的；

朋友zhaozhao，学中文的，做编辑多年，这几年对中医感兴趣，花钱花时间去学中医；

还有拍档小怕，公司白领，私下从未放弃钟爱的摄影和设计工作，没学过相关专业，同样能做出令人叫好的设计。

…………

但他觉得我说的这些，都是"成功者"，离他太远了，他是一个很普通的人，所以，寸步难行。

呵，我讲的哪一个人又不是普通人呢？

你和他们之间，只差一个"努力"而已。

[04]

奇怪的是，好多人不相信努力的力量。

他们总觉得，那是骗人的鸡汤，是一些人给另外一些人灌的迷魂汤。

他们睁开眼睛，觉得自己的生活就是惨白的：出身于平凡的家庭，平淡无奇的成长经历，没什么天资美貌，也没什么技术特长，跟同样平凡的人恋爱结婚生子，在一份工作里萧条地过一生……啊，好悲惨，我的人生无望！

可是，除却特别倒霉的人，我不相信一个人靠努力不能换来一点儿改变命运的机会，不能靠勤奋为自己争取多一点儿的资源。

前几天，看表弟发的小视频，热热闹闹的农村大集上，人们在挑挑拣拣买东西，觉得亲切又感动。

表弟小我几岁，早年家里经济条件好，他又是独生子，自然养尊处优。

后来，家里种果园辛苦又忙碌，他当兵经历了些磨炼，渐渐成了吃苦耐干的人，娶妻，生子，在城里买了房子，也像别人一样去上班，日子勉强还好，总是觉得紧巴巴，比上不足，比下有余。

很多二十多岁的人也是这样过的，背着房贷，养着妻儿，担子很重，压力很大，满面愁容地负重前行，工作每月赚点钱，只要安稳就行，大家不都是这样一辈子吗？

表弟并不想这样。他不怕吃苦，一直在找机会，后来开始贩卖蔬菜，开大车跑长途，很累但赚得多，心情也舒畅。

我们一起吃饭，我听他说凌晨时开车在路上，听他说去收蔬菜的情景，听他的满足与自豪，非常的敬佩与欣慰。

真的。

不要总是抱怨时运不济，也不要总觉得努力没有回报。

在你能够看到成绩和收获之前你就先缴械投降，你自然也就无法啜饮胜利的甘美。

[05]

我相信努力会成为一种习惯，而这种习惯，会让你受益终生。

当你做一件事，第一次失败时，你鼓励自己再来一次；当你想要取得一个成绩，第一次没有取得时，你给自己加油：再来一次！

当你想实现一个目标，却发现路途遥远、举步维艰的时候，你在心里给自己不停地鼓劲：我要努力，不然永远都没有成功的可能。

你会发现，一点点小成绩，都可能让你满心欢喜；而越来越多的小成绩，就会改变你的生活，实现你的梦想，达成你的愿望。

在"为自己加冕"刚开始做的时候，我就在《你对自己多心软，生活就对你多无情》中提及过，豆豆在练颠球时，最开始总是因为次数太少而心灰意冷，恼羞成怒。我会鼓励他，不停练习，不断努力。最开始只有三两个，后来是五六个，再后来慢慢增多，现在经常是二三十个。

最开始的紧张、压力和烦躁消失不见，取而代之的是笃定与自信，偶尔一次做不好也不再气馁地扔下球拍，而是弯腰捡球，非常淡定地再来一次。

因为在过程中，他渐渐看到了努力的力量，也体验到了努力的乐趣——只要我不放弃，只要我肯努力，我就能进步，慢一点儿也没关系，重要的是一直在进步。

努力这件事，会成为身心的一部分，成为一种习惯，让你在做任何事时，都条件反射：没关系，我努力试试看呗！

一个习惯偷懒和放弃的人，遇事的习惯性想法是"啊，好麻烦，好难，还是算了吧，我不行"；

一个习惯努力和勤奋的人，则完全不同，他会想："是有点难，但我努力就行了，总是会有用的。"

努力不一定成功，但是一定会有收获。即便最后失败，这个过程中，你也能汲取到营养。

譬如，哪怕你最后投稿失败，你在之前的那几千几万的习笔文字，也一定不会辜负你，你的最后一篇文章，一定写得比第一篇好很多。

不信试试看咯。

无论你今天要面对什么，既然走到了这一步，就坚持下去，给自己一些肯定，等到你实在坚持不下去时，你才知道自己原来这么坚强。事实是，我们都比自己想象中要坚强。

CHAPTER 05

你的生活，
应该有你自己的精彩

一个人不可能改变世界，

世界也不会因你而改变，

你所能做的，就是适应世界，

不钻牛角尖，不要和别人攀比。

你的生活，应该有你自己的精彩！

宁愿花时间去修炼不完美的自己，

也不要浪费时间去羡慕完美的别人。

不管全世界所有的人怎么说，我都认为自己的感受才是正确的。喜欢的事自然可以坚持，不喜欢的怎么也长久不了。永远不要去羡慕别人的生活，即使那个人看起来快乐富足。幸福如人饮水，冷暖自知。你不是我，怎知我走过的路，和心中的乐与苦？

彪悍的人生就是跟着自己走

罗振宇在《时间的朋友》跨年演讲里说："成功的价值只有一种，就是按自己想要的方式过完一生。"乍一听，立马感觉找到了组织。

其实我有句人生格言跟罗胖这句话有点儿像，说给大家听听："成功的价值只有一种，就是按自己的时间进度表过一生。"

这句话说说易行难，皆因我们活在俗世里，半点不由人。从红遍大江南北的相亲节目就可以知道，多少女孩的结婚进度表被亲友毫无痕迹地插播广告。

你明明才芳龄24，开开心心回家过个年却被母亲大人逼上梁山投奔相亲大队，母亲说她想55岁前看着自己的女儿结婚才能老怀大慰，于是至仁至义至孝的你，不顾内心有千万个不乐意而毅然赴会。

有很多文章都提道：女人25岁前一定要做的10件事，30岁前不做这几件事后悔一生等鸡汤大行其道，好多人被集体洗脑，感觉某个阶段不做某件事就像倒了大霉似的。可从来没质疑过，匆匆忙忙地赶别人为你安排的进度表，你开心吗？

[01]

上一年因办公室装修，公司安排我在家移动办公，开始时心情就像被金蛋砸中，就差没热泪盈眶。

可是大概过了一个星期，我就濒临崩溃的边缘。虽然在家办公，但领导为了理性安排我的工作进度，要求我的办公时间要与她的同步。

本来我以前的办公时间是早上9点到下午6点，在家办公后与娱乐圈的狗仔队没差别，要24小时蹲点，因为不知道领导哪个点会突然布置任务。

比如她会在我吃饭时毫无征兆地拨电话过来说，10分钟后准备电话会议；当我洗刷后准备上床睡觉，她会发条微信语音过来让我把方案发到她邮箱里。

因为没有规定的上下班时间，领导随时能找我，有次我正在蹲马桶却被她要求说赶紧与客户开个三方电话会议，那是我人生中第一次在厕所开会，相当酸爽。

她的时间表就是我的时间表，她有空就骚扰我，没空就不搭理我。最奇葩的一次是，她深夜12点打我电话沟通工作，那种惊悚堪比午夜凶铃。

领导永远以她的时间表为前提布置任务，而我像个毫无时间观念的小狗跟在后面默默耕耘。现在回想，那段日子我简直是活在焦虑的生死边缘。

从这件事中总结到的经验是：你的时间表一旦被别人操控，估计你再也没办法自由支配自己，跟行尸走肉的傀儡没差多少。为什么说"生命诚可贵，爱情价更高。若为自由故，两者皆可抛"，因为能自由安排自己的人生才能最大限度地感知身为人类的幸福。

[02]

　　鲁豫曾在节目里说，她从不按别人的时间表来生活，她有自己的时间表。这大概是她活得比一般人潇洒的原因吧。

　　但大多数人早已习惯随波逐流，在某个阶段别人有的东西，而你没有，就会有点惶惶不可终日。于是我们会紧跟别人的时间表去安排人生大事，这样做好像就为自己的人生买了高额保险。

　　像我朋友小朱，毕业没多久就结婚了，生了小孩后就一直当家庭主妇，其实她一直有事业心，而且她早就计划好等小孩三岁上幼儿园，就找工作上班。

　　谁知前年政府大赦天下，每个家庭可生二胎，她的几个闺蜜都加入二胎战团去了。

　　而且鉴于婆婆和公公天天轰炸，她只能搁置自己的出山大计，继续当个生子机器，把二胎生完再考虑自己的梦想。

　　2017年年底，她终于迎来了第二胎，公公婆婆俱欢颜，唯独她焦躁不安，每天披头散发给小儿子喂奶，还要哄大儿子睡觉。

　　而婆婆陪完月子就回老家了，婆婆说身子受不了折腾，而老公天天沉迷工作，分担不了多少，唯独她常常垂泪到天明。

　　其实她根本就没做好生二胎的心理准备，她的人生计划表里继续上班是下个阶段的置顶任务，可面对婆婆的要求，二胎大军的压境，她忽视自己的内在感觉，木着脸，一副隐忍的架势，假装热情地去迎合别人的指挥。

　　前段时间看到她在朋友圈感慨"自己真没用，满满挫败感"。一个毫无主见，只会对别人唯命是从，不敢按自己人生计划表行事的人怎么可能会有成功感？

这让我想到《就要一场绚丽突围：30岁后去留学》的作者范海涛。留学前范海涛是北京某知名媒体的财经记者，工作就是从一个高大上的新闻发布会跑到下一个高大上的新闻发布会，每次现场发问都能把某个总裁逼问到节节败退。

工作时间她可以跟同事聊着商业精英八卦，点评着上市公司报表，享受着北京阳光。她的生活是很多人梦寐以求的，体面而自在。

可她偏偏选择30岁抛夫弃工作孤身到哥伦比亚留学。她说短暂的成功感早已掩盖不了涌上心头的空虚和迷茫，于是她要出去看看这个世界。

在哥伦比亚大学课堂上，她花了很多力气去适应语言障碍以及美国的文化，像个婴儿似的在异国他乡重新学习，这对于30岁的她而言很不容易。

然而她肯用两年时间去探索那个未知的领域，与自己更高层次的灵魂相遇，更以优异成绩毕业。回国后，她继续创业写书，过充实的人生。

可能很多人会说，都30岁了还瞎折腾，工作安安稳稳然后结婚生子，回家洗手做羹汤不好吗？

可是范海涛并没有走那条大家认为这个年龄应该走的康庄大道，就像她在书里说的："俗世的快乐和痛苦，遮蔽了深度追求的可能。"

在人云亦云的俗世里，她没有麻木不仁地藐视自己的真实想法，她并没有听从那些所谓"女人要在什么阶段就要做什么事"的大道理，她对于自己的人生从来都自有安排。

别人在30岁时选择安稳，而她在30岁突围而出。按自己人生计划表行事的女人配得起更好的未来。

[03]

一直认为那些敢于遵循自己人生计划表不缓不慢地把生活进行到底的

人才是真正的勇者，她们不会到处问别人女人25岁后没男朋友究竟要不要去相亲，30岁后不生小孩会不会成高龄产妇，40岁选择继续读书深造会不会太晚。

张爱玲的姑姑张茂渊78岁才结婚，在那个时代应该是沦为笑柄吧，而她却敢于追随自己的真实感觉，她从来不考虑别人的眼光，不把闲言碎语放在眼里，不慌不忙、笃定有序地过自己的人生。

既然结婚时机还没到就随缘吧，对于婚姻她有自己的看法，而不是因为外界认为她该结婚了就匆匆忙忙地找个男人把自己嫁掉。

我并不是要鼓吹大家做"剩女"，而是她从容的勇敢姿态令人敬佩。换作许多人，如果看见自己的闺蜜全结婚，父母狂轰滥炸，早就焦虑到华发早生，就算亲戚朋友不催，自己也很惶恐吧？

因为大家的时间表都是一样的呀，你落后了仿佛就被这个世界遗弃了。

我们一直都愿意活在和别人相似的影子里，活在父母、同事、朋友的期待里，唯独忽视了自己。

我们害怕跟别人不一样，所以我们习惯按部就班，在不同时段就做相应的事，心想只要按着众人的时间表来安排自己的人生进度就一定不会有风险。可是我们却越活越糟心，就像我那个生二胎的朋友一样，她明明想在职场上实现个人价值，却用子宫来讨别人欢心，明明有自己的想法却甘心接受别人的绑架。

罗素说：参差多态才是幸福的本源，而你凡事力求跟别人进度一样，才是你不幸的根源。

有时候，彪悍的人生就是跟着自己走，敢于执行自己的人生时间表，有勇气不在乎别人的期待和指责。

这样，也许你才不会那么累。

世间对女人有太多要求，要貌美如花，要生儿育女，要腹有诗书。实际上女人唯一要做的是：照顾好自己。很多女人并非不够好，而是待人太好，老想取悦别人，却不知你越取悦别人，就越忽视了自己。唯有取悦自己，和爱的人追求共同的愉悦，才会令你实现自我价值。

做个独立的个体，永远不要怪别人不帮你，也永远别怪他人不关心你。活在世上，我们都是独立的个体，痛苦难受都得自己承受。没人能真正理解你，石头没砸在他脚上，他永远体会不到有多疼。人生路上，我们都是孤独的行者，如人饮水，冷暖自知，真正能帮你的，永远只有你自己。

你的生活不是为他人而活

[01]

在别人眼里，他是大神级别的存在。

颜值高，能力强，什么事都能做出惊艳的效果，完美得简直像处女座。

他考名校，搞科研，发SSCI，一路遥遥领先，被身边的同龄人深深羡慕着。

一次喝茶，他对我说，他很迷茫。

为什么而迷茫？

以他的模式发展下去，以后要么进研究所，要么在高校任教，而这两条路，都不是他真正向往的。

他说："我一路走过来，想的都是怎么比别人更好。到了如今，我发现根本不知道自己想要什么。我一直努力比身边的人更优秀，可是猛然一抬头，发现其实我对我所在的领域，根本谈不上喜欢啊。"

他确实是一个竞争心很强的人，他曾对我说："我知道这世界上有很多人比我厉害，但如果那个人就在我身边，我就会很不舒服，一定要超过他才行。"

一直以来，他以"我要比别人更好"作为目标，一路快马加鞭，靠超过别人来获得优越感。突然有一天，他发现他走的路或许是别人艳羡的，但根本不是他想要的。

我为他叹息："唉，你又不是活给别人看的。"

[02]

她和男朋友分手了。

一个人的日子里，她健身、看书、学吉他、学日语、学化妆、学搭配，让自己变得更优秀、更有女人味。我以为她很豁达，直到有一天，她问我："你觉得让前任后悔的方法是什么？"

我一时答不上来，她若有所思地喃喃道："我认为答案是过得比他好。你说呢？"

我这才了然，她努力提升自己，是为了有一天，重逢于街角的咖啡店，能让他又惊又悔。

她每日在微博上晒着小幸福，朋友留言说，你快把日子过成诗啦。只是那个她努力想引起注意的人啊，一直无动于衷。

她收到前任结婚的请柬，没去，在家里大哭了一场。

她终于不甘心地承认：都说分手后要让自己活得漂亮，可是不管你活得有多漂亮，已经不爱你的人都不会在意的。

又过了一年，我再见到她，她还是活得精彩。

这一回，她坦然地说，她要变得更好，不为任何人，只为了自己。

[03]

他出身医生世家，本硕连读，后来回了家乡工作，买了房也买了车。

在街坊四邻的眼里，他是"别人家的小孩"，听爸妈的话，在父母见得到的地方做着一份体面的工作。

别人说他温润如玉，他却自嘲，性子软弱，不爱反抗。

他自小喜欢的其实是画漫画。那时候有一个笔友，他给笔友寄的信里，每次都会附上他的漫画作品。可是做医生的父母觉得画漫画是不务正业，唯有当医生才能更好地利用家里的资源。他很听话，乖乖地选了理科，念了一所医科大学，毕业后，回到省城进父母安排的医院工作。

现在，他的父母对他唯一的念叨就是，早点儿娶媳妇。

可是，他做不到啊。

他是个同志，父母却盼着为他张罗一场喜宴。

因为这件事，他一直很内疚，觉得不能满足二老的期待，实在是对不住他们。

他一直活在父母的期待里，到头来却发现，别人的期待是不会有尽头的。

[04]

真怀念小时候，我们摘下花把指甲染红，就能美上一个下午；逗一只大狗，就能玩上一个钟头；简简单单一个跳皮筋的游戏，就能流行一整个学期。

那时候，我们多么擅长自娱自乐，不需要为了别人的眼光而活。

现在啊，我们当中，有的人是为了别人羡慕的眼神而活，有的人是为了让别人后悔而活，有的人是为了别人的期待而活……

别人的眼光会变，所以活给别人看的人，往往身不由己。

总是为别人而活，太累，真想学一学怎么取悦自己。

"做人最好的状态是懂得尊重，不管他人闲事，也不晒自己优越，更不秀恩爱。人越成长越懂得内敛自持。这世界纷纷扰扰，不要自扣主角光环。做人静默，不说人坏话，做好自己即可。你活着不是只为讨他人喜欢，也不是为了炫耀你拥有的，没人在乎。"你变得优秀，你身边的环境也会优化。

能让你逐渐强大的，不是坚持，而是放下；能让你慢慢淡泊的，不是得到，而是失却；能让你登高的，不是他人的肩膀，而是内心的学识；能让你站立的，不是卑微的苟活，而是不屈的抗争；能让你重新开始的，不是等待诸事的结束，而是勇敢地和它们说再见；能让你终生追逐的，不是远方的目标，而是不死的信念。

你想要什么，就去追求什么

活得痛快与否，不在于你拥有多高的薪资或有多少外在的附加值，它更多地关乎你内心的需求。

因为，喜欢的生活，不是你想要什么就有什么，而是那份发自内心的对生活的热爱，热爱你所拥有的一切。

Y是我的一个朋友。在她离开北京之前，我们曾一起合租了一段时间。

那时候我们一起聊音乐、动漫和电影，夏天会到楼下喝啤酒，偶尔也吃自己做的饭，当然也会分享各自喜欢读的书。

在我的印象里，Y是个极度追求舒适的人，也一直以追求最舒适的姿态在生活。

第一次见Y，她刚开始蓄头发。按道理说，女生留长发应该有女人味才对，但Y看起来总有一种不分明的摇滚女青年的感觉。她没有刘海，头发随意地梳在脑后，露出饱满白皙的额头，然后扎一个小小的揪，自然到不拘小节。熟悉之后，发现她穿衣服最喜欢运动衫和牛仔裤，清一色的黑、白、灰。

Y性格安静，所以，我实在很难联想到她会喜欢摇滚。如果不是她执着于参加各大音乐节、许巍演唱会和五月天演唱会等，我绝对不会知道她对摇滚有这么强烈的喜欢。毕竟，生活中的Y对什么都是淡淡的。

2014年的夏天，五月天在鸟巢有一场演唱会。Y很早就打算去，攒好了钱但一直买不到票。演唱会当天下午她跟我说："如果能遇到黄牛就买一张票，如果没有，就算在外面转一圈也好。"

然后，她穿着运动鞋，背着斜挎的帆布包出了门。我一个人躺在床上，百无聊赖地度过了一个晚上。

Y觉得自己很幸运，因为遇见了黄牛。她掏300块钱买了票，但到检票口检票，工作人员对她说，这票是假的不能进。她想辩驳什么，但又无声地退了出来，让身后的人过去检票。

她站在鸟巢外面，听阿信、怪兽、石头、玛莎、冠佑他们唱歌。一座墙，好似隔开了两个世界。

那天她回来的时候很兴奋，忍不住跟我说："我还是很幸运的，快要结束的时候，售票员把我放了进去。原本以为听不了演唱会了，没想到在外面也能听见声音，更何况我还用一张假票进去了，是不是很厉害！"

其实，我们都知道Y只是远远地站在看台上，看到了五月天模糊的身影。但她的快乐那么真实，感染了被平凡生活捆住了手脚的我。追逐什么就去努力追逐，放纵去爱，全身心地投入。50分的成绩，却能迎来100分的快乐。这也许是Y传递给我的第一个处世哲学。

Y对喜欢的事物，总是怀有莫大的热忱。可以拉着我从东到西，穿城而过。两个人疯疯癫癫地谈天说地，像对这个世界无所畏惧。

认识Y还是2013年的3月份，那时她在杂志社工作。Y之前在一家图书出版公司做图书编辑，办公地点跟我们一个小区，但我从没见过她，她的宅性，由此可见一斑。

成为同事之后，没过多久我们就一起合租了一个客厅。500块钱能住一大间房子，对当时的我们来说非常满足。但在夏天，我们总要把帘子挂好才能休息，换衣服也要在洗手间，因为住次卧的姑娘偶尔会让她男友来住。但这些不便，并没有消磨我们合租的快乐。

Y的另一大爱好，就是看动漫，先看漫画版，再追影视版，最喜欢的动漫是《银魂》《海贼王》和《男子高中生的日常》。

我们住在六楼那间宽大简陋的客厅里，两张床各自放在东西两侧，中间隔着很大的距离，偶尔聊起天，都要用比平时略大些的声音讲话。

有一次，我和Y聊起童年里印象很深的动画，就说起了《圣斗士星矢》和《灌篮高手》。《灌篮高手》里Y最喜欢的人物是三井寿，那个三分球神射手。"他回球队之后，变得很干净、宽厚了。安西教练心里应该高兴极了，毕竟能让一个人浪子回头，是非常大的本领。安西教练也很厉害。"她说。

Y对生活并没有很强的欲望，她喜欢安静地活着。不匆忙，不拥挤，不太慌乱，听音乐，爱动漫，看电影，一切刚刚好。

她并不追求质量很高的生活，更多的是对内心自由的满足。

后来Y搬到了海淀区，我们见一面需要提前约好。那段时间，我们会约着去看话剧、电影或读书。对此，她还说过："咱们见面的地点都很有意思，聊的话题分明很文青，但总选麦当劳、烤翅店、麻辣烫店这样嘈杂和人潮汹涌的地方。"她继续笑着说："咱们不是应该选一个咖啡厅或书吧聊这些才对吗？"但每次都没如愿。

其实，既然已经有了各自在咖啡厅坐着聊心事的人，那就特别一点，做彼此在过桥米线店聊"如何写稿，这个电影你有什么看法"的人吧。这样的朋友有一个即可，也不需要很多。

Y后来离开了北京，她喜欢更自由、舒适的生活，或者是一种不紧张、更从容的节奏。她去了一座海边城市，继续做编辑。在那里，散步、看海、爬山、拍照，深深地睡眠。

2018年元旦，我去找她，两个人吃韩餐、看电影、唱歌、看雪，依旧聊很多事情，像从没有分开过。

Y总是自由自在，选择内心最喜欢的。

她活成了自己想要的样子，淡定洒脱，没有挣扎，一切看起来云淡风轻。

我想，这就是每个人不同的生活哲学，你想要什么，就去追求什么。世俗价值观中的功成名就、名利双收，这些并不是所有人的追求。

对Y来说，她一直在努力地追逐更喜欢的生活。谁能说，这不是一种理想呢？

不管现实多么惨不忍睹，都要持之以恒地相信，这只是黎明前短暂的黑暗而已。不要惶恐眼前的难关迈不过去，不要担心此刻的付出没有回报，别再花时间等待天降好运。亲爱的，你自己才是自己的贵人。全世界就一个独一无二的你，请一定真诚做人，努力做事！你想要的，岁月都会给你。

活给自己看，我们不需要虚伪，没有必要披上虚伪的外衣，不必要在乎别人的眼光，无须背着沉重的包袱踏上人生之路，给自己一个美丽的借口，给自己一个幸福的理由，给自己一份别人不能给予的温暖。

你要相信，这一生的风景不可计数

我们都是平凡人。

人生的价值，就在于从平凡起步，却活出了超值的感动。生命的华彩乐章，只属于那些珍爱并热爱生命，且愿意用各种力所能及的拼搏去美化生命的人。人生的价值不受命运的禁锢，更不因苦难而贬值。

[01]

我读过一篇感觉很好的文章，是个女孩写的。

小时候，她家里很穷，但父母却非常喜欢打扮，发了工资，第一件事就是全家每人添置件衣裳，一家人像模特似的，在穿衣镜前走来走去。

等到她报高考志愿，第一个想法就是报个好专业，将来多赚点钱——父母那么喜欢穿扮，得想办法多挣点钱呀。

可是父母却对她说："不是这样子的，你要知道人生很短，每天都过着委屈自己的日子，是很不划算的。"

那就报个冷门的，自己喜欢的专业吧。

这样也好，功利意识少了，活得简单了。主要是她考入大学后，父母做生意赚了许多钱，她心里更没有压力了。

毕业后，找工作也是这样，不问薪水高低，只想做自己喜欢的事。虽然钱赚得不多，但心里快乐。

遇到合适的男孩，结婚。

婆婆急着抱孙子，催她生小孩。

她也想做个好妈妈，就有了自己的孩子。

孩子出生后，母亲兴高采烈地跑来照料。可待了没多久，母亲突然对她说："我要回去，不想在你这儿待了。"

为什么呢？

"因为，"母亲一字一句地说，"现在的你，太丑了，我不想要这么丑的女儿。"

这话太伤人了。

女孩当时就炸了，生气地跟母亲吵了起来："你说话就说话，怎么可以骂人呢？我是刚刚生了孩子没多久，一会儿喂奶一会儿换尿布，我容易吗？我起早贪黑吃不好睡不足累得跟驴一样。我现在的样子是有点邋遢，可是哪个做妈妈的不是这样？"

母亲一字一句地回答："这不是理由！是你从心里不爱自己，也不爱你身边的人。你不想把自己最美丽的一面给别人，那只是因为你的心里失去了美，对别人也失去了爱。再想想你一生所走过的路，所有的好运气，都是美丽带来的。而你，却从未意识到这一点。"

女孩说，她当时就震惊了。

[02]

女孩说，想想母亲那番严厉的批评，还真是这么回事。

读书时，学业很优秀，那是因为她在读自己喜欢的专业。喜欢就会挑战自己，每一次给自己定的目标比导师定的都高，所以从未曾有过烦恼。

求职时，她只是为了自己，笑容发自内心，美丽源自天然，职场上的鸡飞狗跳从未进入她的视线。每一天的快乐心情感染着周边，求职时对方渴望她留下。辞职时老板舍不得她走，没别的缘故，只因为有她在的时候，所有人都能感受到一种快乐的心境。

无欲则刚，无求则柔。

恋爱时，她并没有多么上心。人都说女为悦己者容，但最喜欢她的，是她自己。她不需要在男友面前伪装，不需要演戏，反倒是男友一家在自己面前小心翼翼，生怕这么好的儿媳妇飞了，怕她不肯嫁过来。

正是担心自家配不上这么好的儿媳妇，婆婆才劝她生小孩，想用宝宝拴住她。

可自打她生了宝宝，一切全变了。

起初，劝自己生宝宝时，婆婆信誓旦旦，承诺她帮着带小孩。可孩子生下来没几天，婆婆的脸就变得难看，此前的承诺风吹云散，再也不肯露面了。

如果不是母亲提醒她，她根本意识不到这些变化。

她终于明白了，让自己变得邋遢，表面上的理由是有了孩子太忙太累，但真正的原因是，自己根本不爱孩子。

爱孩子，至少要给孩子一个温柔美丽的漂亮妈妈。

爱孩子，至少要给孩子一个美好的期许，引领孩子的一生。

[03]

女孩说，听了母亲的劝导之后，她重新恢复了往日的自己。

依然让自己美丽、可爱，一边带孩子，一边读书，每年一次的海外旅游。婆婆对她的奢侈生活大为光火，不停敲打说男人赚钱不容易。

你赚钱不容易，那咱就自己赚呗——最后，女孩说，她带着孩子，选择了海外一个美丽的小城落户，开阔的视野，娴静的内心，让她看待事物更温和，判断力更明晰，比老公赚钱更容易。

母亲仍旧是时常来探望她，年逾花甲，仍然是个喜欢打扮的有品味的女人。

反倒是节省拮据的婆婆，病了舍不得花钱去医院，结果小病拖成大病，早早就去世了。

女孩说，感谢母亲，给了她美丽的人生。

是母亲尖刻的提醒，让她避免了黯淡灰色的结局。

热爱生活，保持优雅。

在平庸的生活之上，还有一种美丽的意境。普通的人生，也可以活出品味、格调。

女孩，从家庭主妇到优雅的女子，活出了美丽的人生。

[04]

所说的道理，同样也适合男性。

男人，也需要美丽。

有些朋友，总是感觉自己没有存在感。

那是因为你不爱自己，没有把自己的生命价值淋漓尽致地开发出来。别人感受不到你生命的光与热，自然就不会有丝毫感觉。而你自身的心灵力量微弱，才会渴求外界的认可。

有些朋友，总是感觉自己的气场不够强。

气场是你生命燃烧的活力，是你对生命价值的认可与自信。虚掷生命、缺乏自信的人，会从心底渗透出无能为力的悲哀与萎靡感来。

生命本就是个美丽的存在，喜欢它，热爱它，呵护它，让它的美丽呈现出来，这才是我们每个人生存于世的价值与意义。

美丽源自心灵，只要你爱自己，爱生命本身，就会积极主动地探求生命的意义，就会渴望智慧，渴望了解人性。只有立足于智慧之基，才会获得一颗柔软的心，怜悯别人的苦，知道他人的悲，不失落，不愤恨，始终保持平和的心境与进取的心态。

美丽是生命的品质，意味着一种高格调、有情趣的生活追求，永不接受低配的人生。环境本就人创造的，每个人都有能力改变环境，只有获得改变的能力，才能拥有选择的权利。

美丽是外在的智商，智商是内在的颜值。智力是个变数，取决于你对知识的渴望与追求。读书、交友、远行，所做的一切只为打开你的心。你所学越多，所见越广，言辞谈吐带给别人的感受就越具动感，带给别人的印象就越深。

外貌可以平凡，甚至可以丑陋，但衣装及日居环境绝对不可以肮脏邋遢，不可以让人厌恶。我们不是活给别人看，是活在自己的心中。只有那些真正爱自己的人，才会时刻保持整洁、干净。只有发自内心地取悦自己，才有可能赢得别人的认同。

[05]

生命因热爱而美丽。

人生很短，千万不要委屈自己。

对生命的虚掷时刻怀有恐惧之心，对美丽的一切抱有最大的贪婪与渴欲，犹如身处花海，这一生的风景不可计数。

我们只走自己的人生之路，只欣赏自己的风景。

活给自己看，我们不需要虚伪，没有必要披上虚伪的外衣，不必要在乎别人的眼光，无须背着沉重的包袱踏上人生之路。给自己一个美丽的借口，给自己一个幸福的理由，给自己一份别人不能给予的温暖。

爱自己，活给自己，笑给自己，演给自己，唱给自己，相信自己的能力，给自己阳光，给自己信心，给自己美丽的明天。

人活得糊涂一点挺好，我不太想去知道别人背后是怎么评价我的。人们内心的真实想法总会毫不留情地戳伤你，不要觉得意外，这很正常。不是因为你不好，只是大多数人都会在背后放大你的缺点。最理想的是，见面都哈哈哈，转身便互不相干，我们尽自己所能做自己，不为不重要的人改变。

一个人怎么看待自己，会影响他的命运，甚至决定他的归宿。我们的展望也这样，当更好的思想注入其中，它便光明起来。不管你的生命多么卑微，你都要勇敢地面对生活，不要逃避，更不要用恶语诅咒它。

人生最好的拥有是对自己的信念

［01］

如果我没有好好读书，照我的性格，我应该会是一个很出色的泥瓦匠，可我不乐意啊。

你看看你现在都混成什么样儿了，男儿无妻不成器，别以为你自己有多了不起，再过几年，年纪一大把，活脱脱的"寡公汉"。

等等，那个字应该念"鳏"吧。

一家人围炉夜话，似乎也没什么好的话题，于是上演了一部家庭伦理剧。

我强忍着心中的歉疚，一句话也说不出来，无论如何，他们仅仅是因为爱我。

总说命运要紧紧攥在自己手里，却也总免不了一些羁绊，甚至觉得自己不该再这么任性自私，只为自己而活。

像老杨家儿子该多好，同样是大学生，毕业后考在边远的农村信用社，和谈了七年的女朋友分手后，遇到一个有钱有势的老丈人，工作调到城里，月入上万，买车买房，出生不久的儿子白白胖胖。

老李家的儿子只是初中毕业，在澡堂搓过背，在工地打过工，后来开着一辆小三轮给一家食品批发商送货，起初一个月只有两三百的工资，因为精明能干，借来两千块作为本钱做生意，现在已经有了上百万的家产。

相比之下，我走了一条并不明智的路，花光家里所有积蓄，只学会跟家里人作对。

其实我并不害怕和父亲争吵，毕竟我也是头顶有两个旋的人，倔起来像头牛。我真正怕的是他吵起架来都没有以前有气势了，我都还没怎么发挥他就轻声软语、动之以情了。

他的同龄人里，当将军的有了将军肚，打老虎的时候每天提心吊胆；写文章的成了名人，时不时地还被网友嘲笑虚伪；做生意的当了国企高管，有时还得亲自出国送货顺手救济一下非洲人民……不管做什么，他一定比他们都优秀。

时代使然，他成为最出色的泥瓦匠，把我当着余生所有的希望。

他已经老了，强迫症让他一直不敢懈怠，我知道他害怕。那个年轻时一拳一阵火花的男人，自从有了家庭，有了孩子，就一直生活在怕自己无力养家糊口的恐惧中。他已经有了白发，动作不再干脆利落，而且肌肉松弛，反应速度变慢。

工作让他摔得浑身是伤，常常旧疾复发，他早该休息了，换我肩挑背扛，挑起生活的重担。

［02］

可是我，只想换一种不一样的活法。

子承父业做个出色的泥瓦匠固然也不错，但是一辈子待在一个小地方，高铁、飞机只是听说从来没有坐过，每天日复一日重复劳作，没有好好看过这个世界，只是把希望寄托在下一代，这样的生活始终无法说服我。

好比你是一个游戏玩家，让你永远待在新手村，每天碰到的都是那些不停找你施舍金币，让你带着打怪升级或者缠着要给你生孩子的人，即便你纵横新手村又如何？

后来，陪你在新手村练级的朋友成为江湖十大高手又或者百大富豪，穿的是极品装备，骑的是绝版坐骑，哭着要给他生孩子的都是江湖美人榜的妹子，你是否还甘心在新手村杀那些小怪？

就算去了别的大地方你也只是默默无闻的小人物，但至少你也看过那些地方的风景。

在飞速发展的年代，接触不同的社会就有着不同的视野，最终会因为价值观成为不同的人群，有野心的人总要放眼世界才能升华自己。

有个公司的老板问一个年轻人："你这个工作很普通，哪里都能做，就算有差距，家乡和这里每月相差不会超过300元，但是你在外地打拼，租房、路费、购买生活必需品增加的成本，绝对不止300元。何不回到老家工作，多安稳？"

年轻人说："我就是喜欢这种闯荡的感觉。"

老板说："我明白，你可能在寻找或等待某种机会，找一份更好的工作。但同样的机会，你的家乡也有，你可以在自己家乡闯荡，凭借本地人的优势，你成功的概率更大，不是吗？"

年轻人说："我就是不喜欢家里。"

不必所有的叶子都要在冬天掉光；不必所有的适婚青年都要草率地走进那座号称爱情坟墓的殿堂，然后三年抱两娃；不必所有的数学老师都要大腹便便秃了顶，穿着格子短袖的样子。

我只想换一种不一样的活法。

[03]

"差不多得了，赶紧找个人结了吧。"

虽然已经是司空见惯习以为常，但每每听到这样的话，我还是会愣很久。

我们永远都不是超市里的生鲜食品，会因为过期而贬值。以低人一等的姿态出现在别人面前，别人当然也不会珍惜你，只会把你当成打折处理的便宜货。

我总觉得结婚的冲动，就是寻找刺激，赌上自己的下半生。

为什么要结婚？结婚后你的生活质量会不会下降？结婚后你的成长会不会放缓甚至停止？结婚后你的兴趣志向会不会受到抑制？结婚后你所谓的另一半灵魂，会不会和你互相扶持正向促进？

活到家里人所谓的一把年纪，谁都不是没有过爱情。谁不曾青涩过，暗恋一个人，只是单纯地喜欢？谁不曾疯狂过，就像被洗脑一样几年里好像真的一样"爱"着一个人？当然也一定还有一个对你很好很好的人，却不是合适的人。

"合适的人"是一个很难形容的人，每个人都有一套衡量标准，你要达到七大姑八大姨的标准，你要比对周围朋友现状的标准，你要考虑自己内心的标准。总是在慢慢接近那些标准，可是，世界上哪有那么多标准的事情。

生活是赌博，可能现在很辛苦，以后会轻松；可能现在很容易，有一天跌落悬崖。但是，为了走捷径，总有人会蒙上自己的双眼，靠感觉前行。

以前会觉得周围那种挑别人条件的女人太现实，现在，我何尝不是拿着条件衡量着自己还能走多远，还能不能为自己创造更好的条件？一个女人楚楚可怜，至少会有人想要怜惜；一个男人一无所有，总不至于会有人说，看你这么穷这么丑这么可怜，我来当你的女朋友吧？

曾经我以为，爱情是恒久的喜欢，对的人可以源源不断地浪漫。怎么会呢？来，一耳光接好。

生活不是甜言蜜语玫瑰花，是柴米油盐酱醋茶，只有开始时不会太累的"合适"，才会有以后的日子不那么辛苦。

除了给孩子合法的地位，婚姻还提供了什么？

经济补充，性以及精神交流。

但这三样东西，不一定要在一个人身上获取，也不一定需要婚姻来获取。

虽然这个世界上有人的确是被动地不结婚，但就目前的趋势而言，更多的人开始越来越主动地不结婚，没有婚姻不代表他们没有友情和两性关系，也不代表他们社交能力有所欠缺。

两个人只有价值观契合才能沟通顺畅，只有互相欣赏才能彼此尊重和忠诚，无障碍的沟通和深厚的感情，是好的婚姻需要具备的。

[04]

这已经不再是一个整齐划一的时代，每个人信奉的价值都有所不同。在我们身边，存在着太多父辈看来大逆不道的事情：同性恋、单身男女、跨国恋情、不婚情侣、行游世界的人、追寻梦想的人……

这些人都无一例外地坚持着自己的信仰，同时也尊重并理解他人的不同，并因为对理想的坚持而站在一起。一个尊重个人选择自己生活方式的社会，才是繁荣美好的。

想这些的时候，我正在和一个朋友聊天。

她说：找男朋友干吗？我一个人真的挺好，想干吗就干吗，想去哪儿就去哪儿，想跟谁联系就跟谁联系。我自己挣钱也会做饭，我可以花一个小时给自己煮一锅香喷喷的粥，也可以花三个小时去听一场音乐会，我不想再去适应另外一个人。

她接着说：喜欢一个人，可能还要为了他改变自己，我讨厌改变，我就这样，你要喜欢就喜欢，不喜欢就拉倒。孤独总比欺骗和背叛带来的伤害更让我有安全感，因为我觉得，感情的伤害才会让我需要肩膀，但是爱情只会锦上添花，不会雪中送炭。

她还说：我就想读个研，考个博，回头去丹麦做博士后，可能就移民去丹麦了，我喜欢丹麦的饼干。女人只要放得下自己的小感情小忧伤，也一定可以成就一番大事业。

聊过之后，就着和家人才吵完架的热乎劲，我寻思良久。

我相信这个世界有幸福的婚姻存在，相信会有我愿意努力维系的感情，相信会有一个与我互相欣赏的人，我也从未放弃寻找。

我相信有一种长久的关系，能够包容彼此都珍视的个性，为了这样的感情双方都愿意妥协和付出，用心经营。但是如果一时找不到，我也不会强求，并希望自己还是自己。

毕竟，人一生所能真正拥有的，不是任何物质和外在，而是对自己的信念，是知道自己要什么不要什么，是有所坚持。

人生苦短，我只是想换一种不一样的活法。

上等人谈智慧，中等人谈事情，下等人谈是非；上等人付出，中等人交换，下等人索取；上等人有能力没脾气，中等人有脾气有能力，下等人没能力有脾气；上等人信念坚定，中等人相信自己，下等人恐惧怀疑；上等人付出行动，中等人用脑算计，下等人用情绪处理。